# 세계 도시에서 찾은 신재생 에너지 이야기

생각하는 어린이 과학편 ⑤

# 세계 도시에서 찾은 신재생 에너지 이야기

**초판 인쇄**   2025년 01월 20일
**초판 발행**   2025년 01월 25일

**글쓴이**   유소라
**그린이**   지수
**펴낸이**   이재현
**펴낸곳**   리틀씨앤톡
**출판등록**   제 2022-000106호(2022년 9월 23일)

**주소**   경기도 파주시 문발로 405 제2출판단지 활자마을
**전화**   02-338-0092
**팩스**   02-338-0097
**홈페이지**   www.seentalk.co.kr
**E-mail**   seentalk@naver.com
**ISBN**   979-11-94382-08-9  73530

ⓒ 2024, 유소라

**모델명** | 세계 도시에서 찾은 신재생 에너지 이야기  **제조년월** | 2025. 01. 25.  **제조자명** | 리틀씨앤톡  **제조국명** | 대한민국
**주소** | 경기도 파주시 문발로 405 제2출판단지 활자마을  **전화번호** | 02-338-0092  **사용연령** | 7세 이상

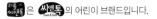 은 씨앤톡의 어린이 브랜드입니다.

#에너지 #도시 #태양 #자연 #풍력 #수력 #환경 #바이오 #재생 #미래 기술

# 세계 도시에서 찾은 신재생 에너지 이야기

  유소라 글 | 지수 그림

# 지구의 '지속 가능성'을 위해 필요한 신재생 에너지

아침에 일어나서 밤에 잠들 때까지 우리를 둘러싼 모든 것은 에너지로 움직여요. 그렇다면 에너지는 어디에서 나올까요? 대부분 석탄과 석유에서 나와요. 석탄과 석유 같은 연료를 화석연료라고 해요. 그런데 인류는 이미 지구의 석유 절반 정도를 다 써 버렸어요!

화석 연료는 계속 캐다 보면 언젠가 바닥나요. 게다가 에너지를 만들 때 온실가스를 많이 배출해서, 기후 위기의 원인이 되죠.

자, 석탄과 석유가 점점 줄어들고 지구가 병들어 가는데 우리 인류는 어떻게 해야 할까요? 충분한 에너지를 만들 수 있으면서 온실가스를 배출하지 않는 에너지 연료를 생각해 내야겠죠!

다행히 사람들은 자연에서도 에너지를 얻을 수 있다는 사실을 알아냈어요. 특히 자연에서 얻는 에너지는 고갈되지도 않고, 안전하다는 것에 주목했지요. 햇빛, 바람, 물, 땅 같은 것들은 계속 사용해도 없어지지 않는 것이니까요. 자연에서 얻을 수 있는 에너지는 계속 사용이 가능하다고 해서 '재생 에너지'라고 불러요.

사람들은 여기에서 그치지 않고, 이전에 없던 안전한 에너지를 계속 연구해서 만들었어요. 전기나 열을 이용해서 에너지를 얻는 건데 새롭게 만들어진 에너지라고 해서 '신에너지'라고 불러요. 수소 에너지가 대표적이죠. 재생 에너지와 신에너지를 합쳐서 '신재생 에너지'라고 불러요.

어떤 도시들은 신재생 에너지를 적극적으로 사용해요. 지구의 미래를 위해서, 도시의 경제를 살리기 위해서, 주민들의 건강을 위해서 세계 각 도시에서 이런 시도를 하는 거지요. 저마다 다른 이유로 신재생 에너지를 사용하지만, 모두 같은 목표를 가지고 있어요. 바로 안전한 지구를 위한 '지속 가능한 에너지'를 확보한다는 것이죠.

그럼 그 도시들이 어떤 곳이며, 왜 새로운 에너지를 적극적으로 사용하게 되었는지 신재생 에너지 세계 일주를 함께 떠나볼까요?

행복한 지구의 미래를 꿈꾸며
유소라

# 차례

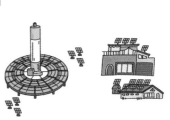

## 제 1 장

# 독일 프라이부르크에서
# 찾은 태양 에너지

# 핵 발전소를 물리친 태양 빛

## 벽 뒤에 숨은 아이

'앗, 있다!'

벽 쪽으로 몸을 붙여 골목 안쪽을 살펴보던 루카스가 뭔가를 발견하고는 자못 긴장한 표정으로 주변을 두리번거렸어요. 그러더니 지나다니는 사람들이 없어질 때쯤 날쌔게 골목 안으로 뛰어들어가 벽에 붙어 있는 종이를 사정없이 뜯었어요.

곧이어 루카스는 뜯은 종이를 그대로 손에 들고 오던 길로 다시 뛰었어요. 얼마쯤 달리다가 아무도 쫓아오는 사람이 없다는 걸 확인한 후 속도를 늦췄어요. 루카스는 손안에서 꼬깃꼬깃해진 종이를 펴 보았어요.

원자력 에너지는 이산화탄소를 배출하지 않는
안전한 에너지입니다!

**가장 효율적인 에너지는 원자력!** 전기 걱정을 해결합니다.

☆ 비일 원자력 발전소 건립은 우리 시 경제에 도움이 됩니다. ☆

원자력 에너지를 홍보하는 전단지였어요. 루카스는 이내 얼굴을 찡그리며 전단지를 야구공만 하게 구겨 가방 안에 욱여넣었어요. 가방 안에는 구겨진 전단지가 이미 몇 개 들어 있었어요.

"쳇, 내일 또 붙이겠지? 내가 매일 떼어 줄 테다!"

루카스는 주먹을 불끈 쥐었어요.

다음 날에도 골목 안쪽 벽에는 루카스의 예상대로 같은 전단지가 또 붙어 있었어요. 루카스는 오늘도 전단지를 떼고 주위를 둘러 보았어요. 그때였어요.

"앗."

누군가 루카스의 손목을 낚아채는 것 같더니 손에 쥔 전단지를 가로 챘어요. 놀란 루카스가 휙 돌아보니 웬 청년이 서 있었어요.

"네가 범인이었구나? 맨날 이게 없어지더라니."

루카스는 이제 끝났구나, 싶어서 눈을 질끈 감았어요.

"누가 시킨 거니?"

청년의 말에 루카스가 소리치듯 답했어요.

"제가 혼자 한 거예요! 옆 마을 비일에 원자력 발전소가 들어서면, 우리 마을 포도 농장이 망가진단 말이에요. 그것 때문에 우리 마을 사람들이 주말마다 시위하는 것 몰라요?"

루카스의 말에 청년이 재미있다는 듯이 웃으며 말했어요.

"그러니까 마을 포도 농장을 지키기 위해 네가 혼자 몰래 원자력 발전소 홍보 전단지를 떼고 다닌단 말이야?"

루카스는 대답 대신 청년을 쏘아보았어요.

"생각은 가상하다만, 그건 좀 치사한 방법 같지 않니? 이걸 떼는 대신 너도 네 주장을 담은 전단지를 만들어서 옆에 같이 붙이는 건 어떨까?
사람들이 두 의견을 보고 판단할 수 있게 말이야."

생각지도 못한 청년의 말에 당황한 루카스가 쭈뼛대며 답했어요.

"그런 건 만들 줄 몰라서……."

그러자 청년이 싱긋 웃으며 말했어요.

"형이 도와줄게."

루카스는 생각지도 못한 말에 눈을 동그랗게 뜨며 끔뻑대기만 했어
요. 그러자 청년이 루카스에게 악수를 청하며 말했어요.

"난 대학에서 건축을 전공하는 랄프라고 해. 우리 좋은 파트너가 될 것
같은데?"

루카스도 조심스럽게 손을 내밀며 답했어요.

"전 프라이부르크 마을에 사는 루카스라고 해요."


## 포도 농장을 지켜라!


루카스가 랄프 형을 다시 만났을 때 형은 멋진 전단지를 한 아름 만들
어 왔어요.

1. 우리는 에너지 효율보다 자연보호를 원한다!

2. 프라이부르크의 숲을 지키고, 포도밭을 지킨다!

3. 원전 건립 계획이 무산될 때까지 비폭력 저항운동은 계속된다!

"루카스, 이제 우리 둘이 원팀이 돼 당당하게 이 홍보물을 온 동네에 붙이는 거야. 이제 몰래 하지 않아도 돼!"

루카스가 사는 독일 프라이부르크 마을은 울창한 숲으로 둘러싸여 있으며, 전통적으로 포도 농사를 짓는 유명한 와인 생산지예요. 그런데 몇 년 전, 시에서는 프라이부르크로부터 30분 거리에 있는 비일이라는 지역에서 핵 발전소를 짓는다고 발표했어요.

프라이부르크 마을 사람들은 수년째 이를 반대하고 있어요. 핵 발전소가 건립되면 포도 농장에 악영향을 미칠 거라고 생각하기 때문이에요.

루카스의 부모님을 포함한 루카스네 마을 어른들은 주중에는 포도 농장 일을 하고, 주말에는 핵 발전소 반대 시위를 벌써 수개월째 하고 있어요. 시위 규모는 점점 커져서, 마을 시민들뿐 아니라 대학생들도 시위에 참여했지요. 그런데도 비일 핵 발전소를 건립하겠다는 시의 입장은 바뀌지 않은 상황이에요. 루카스가 매일 사람들 몰래 발전소 건립 홍보 전단지를 떼고 다니는 것도, 포도 농장을 걱정하는 부모님 때문이에요.

루카스는 전단지를 한참 붙이다가 그동안 궁금했던 것을 랄프 형에게 불쑥 물었어요.

"랄프 형, 그런데 시에서는 원자력 에너지가 안전하다고 하는데 왜 우리는 반대하는 거예요?"

"아니, 넌 이유도 모르고 전단지를 떼고 다녔던 거야?"

"그냥, 전 엄마 아빠가 반대하니까……. 그게 우리 마을을 지키는 일이라고만 생각했어요."

루카스가 멋쩍게 웃으며 대답했어요. 랄프 형이 진지한 얼굴로 말했어요.

"원자력은 핵분열로 발생하는 에너지라는 것, 알고 있지? 효율적인 에너지인 건 맞지만 한번 사고가 나면 방사능이 유출돼 상상도 못할 피해가 발생할 수 있어. 그리고 이산화탄소가 나오지는 않지만, 대신 핵폐기물이 어마어마하게 나오는데 현재로선 그걸 처리할 방법이 없거든. 시에서는 원자력 발전소 건립 홍보를 하면서 이런 얘기는 쏙 빼놓지."

루카스는 랄프 형의 설명을 듣고 전단지를 다시 한 번 읽어 보니, 그 내용이 다르게 느껴졌어요.


## 태양은 공짜야


"와, 드디어 다 붙였다! 정말 고생했다, 루카스. 다리 아프니까 잠깐 저 풀밭에서 쉴까?"

루카스는 랄프 형을 따라 풀밭으로 가 같이 드러누웠어요.

"근데 이렇게 한다고 진짜 원자력 발전소 건립이 취소될까요?"

루카스가 묻자, 랄프 형 얼굴이 어두워졌어요.

"사실 그럴 가능성이 크진 않아. 원전의 에너지 효율이 워낙 좋아서, 그 대안을 제시하지 못하면 아마 결국 발전소는 세워질 거야. 너도 잘 알겠지만, 지금 우리 도시에 공장이 마구 들어서는 바람에 전력이 부족해서 정전이 일어나기도 하잖아. 원자력 에너지 말고 다른 좋은 방법이 있어야 할 텐데."

아버지도 랄프 형과 같은 얘기를 하곤 했어요.

"그나저나 오늘도 우리 마을 날씨는 참 좋다. 원전 반대 시위 없이 늘

이렇게 평화로우면 좋겠네."

랄프 형이 하늘을 올려다보며 말했어요. 이에 루카스도 대꾸했어요.

"우리 아빠가 태양은 우리 마을의 큰 축복이라고 했어요. 다른 도시보다 일조 시간이 길어 포도 농사도 잘되니까 우리 마을 사람들이 먹고산다고요. 거기다 태양은 공짜라서, 써도 써도 없어지지 않는다고요."

가만히 루카스의 말을 듣고 있던 랄프 형이 벌떡 일어나며 말했어요.

"그래, 태양이야! 프라이부르크는 그 어느 곳보다 햇볕이 좋은 도시야. 그걸 이용할 수 있다면 대안이 될 수 있을 거야!"

"네?"

"루카스, 전단지를 다시 만들어야겠어!"

루카스는 랄프 형이 흥분하는 모습에 영문도 모른 채 고개를 끄덕였어요.

## 새로운 제안

며칠 후, 랄프 형은 정말 새 전단지를 만들어서 루카스를 찾아왔어요.

"루카스, 이거 한번 읽어 봐. 이번에도 같이 할 거지?"

"당연하죠, 형. 우린 원팀이니까!"

루카스는 새 전단지의 내용이 궁금해서 얼른 펼쳐 보았어요.

며칠 뒤, 마을 사람들은 전단지 앞에서 웅성거렸어요.

"집의 지붕을 이용해 태양 빛을 모은다고? 아니, 무슨 그런 마술 같은 일이⋯⋯?"

사람들이 웅성거리는 가운데, 누군가가 조용히 혼잣말을 했어요.

"흠, 일리 있는 주장이군. 태양 빛이 품고 있는 막대한 전자기파를 활용하면 되는 거야!"

그 남자는 희망에 찬 표정으로 그곳을 떠났어요.


그로부터 몇 년 후, 그날도 마을 사람들이 어딘가에 모여서 웅성거렸어요. 이번에는 전단지가 아닌, 아파트 건물 앞에서였죠.

"그러니까 저 건물 옥상에 있는 철판 같은 것이 태양 빛을 모으는 솔라패널이라는 거지?"

"맞아. 이 아파트는 태양열을 이용해 전기를 사용할 수 있어서, 전기료도 적게 나온다네. 아마 세계 최초의 태양열 아파트라지? 이제 우리 도시에 이런 태양열 건물이 많이 들어설 거라는군."

"그래, 들었어. 덕분에 비일 발전소 건립이 무산된 거잖아. 탈원전 운동으로 원자력 발전소 건립이 무산된 것도 세계 최초라는군. 처음에 이마을 출신 건축가가 태양열을 이용하는 아이디어를 낸 거라는데? 그 이름이……."

"랄프 디쉬요."

루카스가 어른들의 말에 불쑥 끼어들었어요. 이제 도시를 대표하는 건축가가 된 랄프 형과 원팀이었다는 것이 무척 자랑스러워서 누구에게라도 말하고 싶은 마음이었거든요.

"이제 우리 시에 태양 에너지를 연구하는 연구소가 설립될 거래요. 우리 프라이부르크가 친환경 도시가 된대요!"

루카스는 마을의 포도 농장을 지키는 데 자신이 한몫한 것 같아 뿌듯했어요.

# 줌 인: 프라이부르크의 태양 에너지

## 친환경 도시, 프라이부르크

### 세계 최초 태양광 패널을 설치한 도시

독일 남부에 위치한 프라이부르크는 세계 최초 친환경 태양광 발전 도시이자, '독일의 환경 수도'로 유명해. 사실 프라이부르크는 1960년대 마을에 공장이 들어서면서, 산성비와 환경오염으로 숲의 나무들이 죽어가고 포도 농사가 엉망이 되는 피해를 겪은 적이 있어. 이러한 아픔을 겪은 프라이부르크 시민들은 1970년대에 정부가 인근 지역에 핵 발전소 건설을 추진하자, 원전 건립을 반대하는 평화 운동을 벌였어.

오랜 기간에 걸친 주민들의 반핵 운동 덕분에 원전 건설 계획은 취소되었어. 세계 최초로 원전 폐쇄를 성공시킨 거야.

이렇게 성공할 수 있었던 이유는 주민들이 원자력 에너지를 대체할 만

한 태양광에너지를 제안했기 때문이야. 당시 프라이부르크에 살며 건축

을 전공하던 랄프 디쉬라는 대학생의 의견이었지. 랄프 디쉬의 의견을 정

책에 받아들인 프라이부르크 시는 1979년에 세계 최초 태양광 패널을 설

치했어. 그 후 프라이부르크는 다양한 프로젝트를 통해 친환경 솔라 시티

로 세계적인 명성을 얻게 되었지.

태양광 발전장치는 시민들이 직접 소유하기도 하는데, 시민 1인당 소유한 태양광 발전장치 시설 수가 독일에서 가장 많은 곳이 바로 프라이부르크야. 프라이부르크 전체 에너지의 15%를 태양열로 충당하고 있을 정도지.

## 프라이부르크 주민이 원자력 발전소를 반대한 이유

프라이부르크 주민들은 어떤 위험 때문에 원자력 발전소 건립을 반대했을까? 원자력 에너지는 석유나 석탄 같은 화석 에너지보다 훨씬 더 저렴하고, 이산화탄소를 배출하지도 않아. 이렇게 좋은 에너지를 왜 반대했냐고? 바로 방사능 유출이라는 무시무시한 사고의 위험성 때문이야. 이 때문에 프라이부르크 주민들처럼 원자력 발전소를 반대하는 사람들이 많았어.

그러다가 1986년 체르노빌 원자력 발전소에서 원자로가 폭발하는 사고가 발생했어. 역사적으로 꼽히는 사상 최악의 방사능 오염 사고야. 현재까지도 그 피해 규모를 가늠할 수 없을 정도지. 게다가 원자력 발전소에서 배출되는 폐기물 처리에 대해서는 현재까지 뾰족한 방법이 없어. 원자력 발전소 설립은 에너지 부족을 손쉽게 해결할 수 있는 방법이지만, 반대로 엄청난 위험성을 안고 있어서 '두 얼굴의 에너지'라고 불려.

지금도 전 세계는 원자력 발전소 건립에 대해 찬성하는 쪽과 반대하는 쪽의 의견이 팽팽히 맞붙고 있어.

## 독일 프라이부르크의 보봉 마을

프라이부르크 시에 위치한 보봉 마을은 친환경 신재생 에너지 활용의 모범 사례인 마을로 꼽혀. 이 마을은 집 지붕에 태양광 설비를 설치한 공동주택, '플러스 에너지 하우스'가 있어. 집에 태양광 설비를 설치해 에너지 소비는 줄이고, 필요한 전력을 직접 생산, 사용하는 것이지. 각 가정에 필요한 전기가 사용하고도 남을 정도로 생산되어서 전기요금을 낼 필요가 없어. 오히려 남아도는 전기를 인근 발전소에 팔아 돈을 벌 정도야.

보봉 마을의 대표적인 건축물은 '헬리오트롭'이라고 불리는 친환경 주택인데 랄프 디쉬가 설계한 것으로, 직접 거주하고 있어. 이 건물 꼭대기에는 태양 궤도에 따라 모듈이 움직이는 태양광 설비가 설치돼 있어.

보봉 마을은 태양 에너지뿐만 아니라 우드칩(숲이나 나무로부터 나오는 부산물)이나 폐지, 말린 쓰레기, 바이오매스, 폐기물 자원 등도 사용해 에너지 소비를 최소화하고 있어.

낙후 지역이었던 보봉 마을이 신재생 에너지 마을로 변신할 수 있었던 건 지역 주민과 학생들의 적극적이고 자발적인 참여 덕분이야.

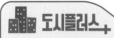
# 아랍에미리트 아부다비:
# 태양 에너지로 움직이는 사막 위 도시

아라비아반도 동쪽에 위치한 아랍에미리트(UAE)는 석유, 천연가스 등 풍부한 자원으로 부자 나라가 된 석유 왕국이에요. 아랍에미리트는 지금 가진 석유 자원만으로도 앞으로 50년 동안은 충분히 부유한 국가로 지낼 수 있지만, 미래를 위해 새로운 에너지 산업에도 투자하고 있어요. 아랍에미리트는 수도 아부다비의 사막에 세계 최초, 세계 최고의 태양열 에너지 도시인 '마스다르 시티'를 건설하고 있어요. 마스다르에서는 태양열 발전소로 전기를 돌리고, 온수를 공급해요. 또 빌딩에 태양광 패널을 설치해 가로등 같은 도로 시설물도 태양전지로 작동시키고 있지요. 태양 에너지뿐만 아니에요. 마스다르 시티에서는 각 가정에서 배출되는 쓰레기 중 음식물은 퇴비로, 나머지는 발전 연료로 활용돼요. 또한 바이오 연료를 생산하는 해수 에너지를 연구하는 등 다양한 친환경 에너지를 연구하고 있어요.

# 신재생 에너지를 찾았다!

## 태양 에너지

### 태양으로 어떻게 에너지를 만들까?

태양 에너지에는 태양광과 태양열 두 가지 종류가 있어.

태양광 에너지는 솔라패널이라는 판에 태양의 빛을 모아서 이를 전기 에너지로 변환시키는 거야. 태양의 빛이 품고 있는 막대한 전자기파를 활용하는 거지. 가끔 집 지붕이나 건물 옥상에 네모난 판들이 나란히 설치된 것을 본 적이 있지? 이게 솔라패널이야.

태양열 에너지는 지구를 향해 날아오는 태양의 열에너지를 활용해. 태양의 열을 모아 저장한 후, 이를 사용하는 원리야. 태양의 열을 모을 때는 집열부라는 기계를 이용하고 이를 저장한 뒤 전기를 생산해 발전소나 각 가정으로 공급해.

어떻게 가능하냐고? 태양열로 물을 끓여서 증기를 발생시킨 후, 터빈 이라는 기계를 돌려서 전기를 생산하는 원리야.

🌏 태양광 에너지의 원리

## 재생 에너지 중 가장 많이 이용되는 태양 에너지

재생 에너지 중 효율이 좋고 제약이 적은 태양 에너지는 전 세계 곳곳 에서 활발히 사용 중이야. 지구 어디에서나 태양은 늘 떠 있으니까! 스페 인에는 세계 최초의 대규모 타워형 태양열 발전소가 세워졌고, 중국에는 아시아 최초의 타워형 발전소가 세워졌어. 그리고 두바이에는 세계 최대 규모의 태양광 발전 단지가 건립되고 있어.

태양광 에너지의 경우는 이렇게 대규모가 아니더라도 설치가 쉽고, 소규모로 시설을 만드는 것이 가능해서 가정집이나 사무실 등에서도 활용하고 있어.

태양열 에너지는 쓰임이 좀 더 다양해. 열에너지를 전기에너지로 변환해 사용하기도 하지만, 태양열을 가정 난방이나 농산물 건조에 활용하기도 해. 기술이 발전할수록 태양 에너지 활용 분야는 무궁무진해질 거야.

# 태양 에너지를 사용한 세계 건축물들

프랑스 파리 에펠탑은 밤에 불빛이 켜지면서 더욱 반짝이고 예뻐요. 약 20000개의 전구가 사용되는데, 이 전구에 사용되는 전력이 태양광을 이용한 거예요. 2013년에 태양광 설비를 설치해, 매일 밤 타워를 밝혀 주고 있지요. 옆 나라 영국 런던의 웨스트 민스터 시의 런던 왕실 거주지인 클라렌스 하우스에도 태양광 발전 시스템이 설치되어 있어요. 이 시스템은 연간 약 4000kW의 전기를 생산하고 있어요. 지구에서 가장 높은 마천루인 두바이의 부르즈 칼리바 역시 태양 에너지를 사용해요. 이 건물에는 무려 327개의 태양광 전지판이 설치되어 있어 매일 3200kW의 에너지를 절약하고 있어요. 태양 에너지는 경기장에도 활용되고 있어요. 대만의 가오슝 국립 경기장은 100% 태양광으로 작동되는 경기장이에요. 경기장 지붕이 8844개의 태양광 패널로 설계돼 있어, 경기장 모양도 독특하지요.

친환경 수도 프라이부르크 역시 프라이부르크 프로축구팀 전용구장 옥상이 태양열 집열판으로 되어 있어 태양열 에너지를 활용하고 있어요.

## 그래서 지금은?

## 태양을 만든다고?

### 핵융합 에너지: 인공태양을 만들다

'핵융합'이란 '핵분열'을 이용하는 원자력 발전과 반대되는 원리야.

태양 중심부에서는 수소 원자핵 4개가 합쳐져 헬륨 원자핵 1개가 만들어지면서 엄청나게 큰 에너지가 발생해. 즉, 태양의 빛과 열에너지는 태양의 중심에서 일어나는 '핵융합'으로 만들어지는데, 이 원리를 이용해 인공태양을 만드는 게 핵융합 발전이야.

핵융합 발전은 단 1g의 수소로 석유 8톤과 맞먹는 엄청난 에너지를 만들 수 있어. 게다가 연료를 바닷물에서 추출하기 때문에 생산할 수 있는 양이 거의 무한이고, 탄소 배출이 없는 청정 에너지야. 원자력 에너지처럼 누출 사고나 폐기물 배출도 없는, 거의 완벽한 재생 에너지라고 볼 수 있지.

　이런 핵융합 에너지를 만드는 게 현실적으로 가능할까? 세계 여러 나라에서 인공태양 개발을 시도하고 있고, 우리나라에는 2007년에 독자 개발한 세계 최고 수준의 핵융합 연구 장치 KSTAR가 있어.

## 교과서 속 재생 에너지 키워드

#태양 태양은 지구에 사는 모든 생물에게 영향을 미쳐요. 지구에 있는 물이 순환하는 데 필요한 에너지를 끊임없이 공급해 주고, 지구를 따뜻하게 하여 생물이 살아가기에 알맞은 환경을 만들어 줘요.

#이산화탄소 배출량 화석 연료, 폐기물 등의 연소나 시멘트 제조 등에 따라 배출되는 이산화탄소의 양을 말해요. 탄산 가스 배출량이라고도 하는데, 이는 지구의 온실가스에 영향을 미쳐요. 이산화탄소는 지구 공기의 1% 미만으로 존재하지만, 온실효과에 매우 큰 영향을 미치는 기체예요. 그래서 온실가스를 줄이기 위해 지금 전 세계는 이산화탄소 배출량을 줄이려고 노력하고 있어요.

# 덴마크 코펜하겐에서
# 찾은 풍력 에너지

## 수변공원 옆 풍력 발전기

우리 동네에 온 스타 배우

"요하네스, 저긴가 봐!"

올리버가 수변공원(해변이나 강변, 호수 등을 끼고 만들어진 도시공원)에 사람

들이 모여 있는 곳을 가리켰어요.

"응, 맞네. 오토 미켈슨 씨 보이니?"

"사람들이 너무 많아서 안 보여. 사람들을 뚫고 들어가야겠어. 요하네스, 카메라 잃어버리지 않게 잘 잡고 뛰어."

"응. 이거 가지고 온 거 알면 우리 아빠 난리나. 절대 잃어버리면 안되지."

올리버와 요하네스는 학교 수업이 끝나기가 무섭게 시내의 수변공원으로 달려갔어요. 아마게르 초등학교 교내 신문 기자로 활동하는 요하

네스와 올리버에게 오늘은 특종을 취재할 수 있는 날이거든요. 바로 덴마크 국민배우 오토 미켈슨이 광고 촬영을 하기 위해 이곳에 왔기 때문이죠.

교내 신문 편집장인 올리버와 기자 요하네스는 이 소식을 들은 몇 주 전부터 오늘을 손꼽아 기다렸어요. 마을의 운영위원회에서 중책을 맡고 있는 올리버의 아버지에게 말만 잘하면 오토 미켈슨과 인터뷰까지 할 수 있을지도 몰라요. 오토 미켈슨을 광고모델로 초청한 곳이 마을 운영위원회거든요.

올리버와 요하네스가 여러 사람 속을 헤매고 있는데, 누군가 올리버의 손을 끌어당겼어요.

"올리버, 여기다! 내가 미켈슨 씨 잘 보이는 자리로 맡아 놨다. 아빠를 따라와라."

"어? 아빠!"

올리버는 아빠를 따라 인파를 뚫고 오토 미켈슨이 바로 앞에서 보이는 자리까지 갈 수 있었어요.

"와, 실제로 보니까 더 멋있다!"

"오토 미켈슨이 진짜 우리 마을에 오다니, 믿기지가 않아."

미켈슨의 실물을 본 두 아이는 엄청 들떴어요. 요하네스는 카메라를 꺼내 미켈슨을 찍기 시작했어요. 미켈슨은 대서양이 흐르는 수변공원의 바닷가를 배경으로 촬영을 하고 있었어요. 덴마크의 수도인 코펜하겐은 뉘하운 운하가 도시를 관통하는, 바다와 바람의 도시예요. 미켈슨이 바다를 가리키면서 대사를 했어요.

"여러분, 저기 보이는 아마게르 수변공원의 미들그룬덴 지역이 풍력 발전기를 설치하기에 최적의 장소인 것 알고 있나요? 바다의 바람을 이용해 우리가 사용하는 전기를 만들 수 있지요."

"요하네스, 저 대사 우리 아빠가 쓴 거다? 맞죠, 아빠?"

올리버는 자랑스럽게 아빠를 돌아보며 말했어요.

"그럼. 풍력 발전소 건립 프로젝트 홍보에 딱이지? 우리가 미켈슨 씨를 얼마나 힘들게 섭외했는지. 다행히 우리의 뜻에 공감해 줘서 출연료가 적은데도 선뜻 와 주셨단다."

"네, 멋져요, 아빠. 촬영 끝나면 미켈슨 씨 인터뷰도 할 수 있을까요?"

"흠, 그건 내가 부탁해 보마."

"만약 인터뷰하면 우리 학교 신문 역사상 가장 큰 특종이 될 거예요."

요하네스가 자신의 카메라를 만지며 흥분했어요.

그런데, 그때였어요. 어디선가 소란스러운 소리가 들리는가 싶더니, 한 무리의 사람들이 확성기에 대고 큰 소리로 말하기 시작했어요.

"우리는 풍력 발전소 건립을 반대한다! 풍력 발전소는 우리 마을의 풍경을 해치고, 산호초와 바다장어가 살아갈 터전을 빼앗을 수 있다!"

이 소리를 들은 요하네스가 울상을 지으며 말했어요.

"어, 아빠가 온 모양이네."

풍력 발전소 건립을 반대하는 무리들로 인해 촬영은 잠시 중단이 되었고, 올리버 아빠가 무리에게 다가갔어요.

"풍력 발전소가 해양 생태계에 끼치는 해악은 없을 것이라는 환경영향평가 결과를 전달하지 않았소. 풍력 발전소는 우리 마을과 지구를 위하는 일이라고!"

올리버 아빠의 말에 요하네스의 아빠가 맞받아쳤어요.

"한 번으론 부족합니다! 만에 하나 평가단이 잘못 판단한 거라면, 돌이킬 수 없는 결과가 나오는 거요. 우리의 소중한 바다에 기계를 설치하는 일은 신중에 신중을 기해야 합니다. 어? 너 요하네스 아니냐, 이놈!"

요하네스 아빠가 흥분해서 올리버 아빠의 말을 받아치다가 요하네스를 발견했어요.

"아니, 내 카메라까지 들고. 여기에서 뭐 하는 거냐?"

"우리 마을의 중요한 사건이라, 신문에 실으려고요."

"신문이라니? 그게 무슨 소리야. 이 카메라는 압수야! 그리고 넌 당장 집으로 가!"

요하네스의 아빠는 거칠게 카메라를 빼앗았고 요하네스는 울상이 되어 집으로 돌아갔어요.

## 왜 찬성하고, 왜 반대하나요?

다음 날, 침울한 표정으로 학교에 나타난 요하네스는 올리버에게 울먹이며 말했어요.

"아빠가 카메라를 돌려주지 않으셔. 미안해, 내가 우리 특종 기사를 망쳤네."

"다행히 네 아버지랑 친구 분들이 돌아가시고 나서, 광고 촬영은 무사히 마치긴 했어. 미켈슨 씨 사진을 실을 수 없어 아쉽긴 한데, 기사는 쓸 수 있을 거야. 요하네스, 근데 네가 미안해할 건 아니야. 지금 우리 마을 사람들은 우리 아빠처럼 풍력 발전소 건립을 찬성하는 쪽과 너희 아빠처럼 반대하는 사람들로 나뉘고 있으니……."

올리버가 말하다가 갑자기 생각난 듯 눈을 반짝였어요.

"우리 광고 촬영 대신 이걸 기사로 써 보자. 풍력 발전소 건립 찬성과 반대 입장을 취재해서 그걸 기사로 써 보는 거야! 이런 게 진짜 취재기사 아니겠어?"

요하네스도 순간 표정이 환해졌어요.

"역시, 〈아마게르 타임즈〉의 편집장답다니까!"

"마침 다음 달에 풍력 발전소 건립을 두고 우리 마을 찬반투표가 이뤄

진다고 하니까, 우리 학교 아이들도 우리 기사를 보고 발전소 건립에 대해 진지하게 생각해 볼 수 있을 거야."

"오, 좋은 생각이야."


그날 이후, 올리버와 요하네스는 각자의 아버지를 설득해서 인터뷰 날을 잡고, 며칠 후 두 아버지를 한 자리에 모아 인터뷰를 진행했어요.

"안녕하세요. 〈아마게르 타임즈〉의 편집장 올리버입니다. 크리스티안 씨는 미들그룬덴 협동조합 위원장으로서, 왜 우리 동네에 풍력 발전 단지가 건립되어야 한다고 생각하시나요?"

제법 기자 흉내를 내는 올리버를 보며, 올리버의 아버지 크리스티안 은 씨익 웃더니, 곧 진지하게 대답했어요.

"우리 덴마크는 전통적으로 바람의 나라예요. 유럽 북부 유틀란트반 도와 동쪽 해상의 크고 작은 400개의 섬으로 이루어진 나라이다 보니, 대부분 평지이고 바람이 잘 불지요. 이 바람을 이용해 풍력 발전기를 세운다면? 친환경 에너지를 활용할 수 있는 거지요. 더군다나 우리는 1970년대 국제 석유파동 때 도시가 힘들어진 아픈 경험이 있어요. 그때 우리도 우리만의 에너지 생산이 필요하구나 느꼈죠. 바다를 이용한 풍력 에너지는 친환경 재생 에너지로 우리 마을뿐 아니라 지구에도 피해를 주지 않아요."

"하지만, 풍력 발전기가 장점만 있는 건 아니죠! 발전기가 설치되면 그 진동으로 바다 생태계가 훼손되고 어업에 피해가 갈 우려가 있기 때문이에요. 우리 마을은 바다장어 산지로 유명한데, 바다 생태계가 훼손되면 마을 주민들의 피해가 막대하죠. 그리고 거대한 풍력 발전기가 설치되면 중세풍인 코펜하겐의 건물과 조화를 이루지 못해 도시 경관도 해칠 것이고, 그렇게 되면 아름다운 바다 풍경이 망가져서 근처 별장이나 주택의 가격이 낮아질 수도 있어요."

올리버 아버지의 말에, 요하네스의 아버지가 아이들이 질문을 하기도 전에 반대 의견을 펼쳤어요. 그러자, 이번에는 올리버 아버지가 요하네스 아버지를 향해 말을 이어갔어요.

"요하네스 아버지, 우리 조합은 총 세 번의 환경영향평가를 실시했고, 조사 결과 풍력 터빈은 진동이 없어 바다 생태계에 영향을 끼치지 않을 것이라고 예측하고 있어요. 물론 바다장어 양식도 문제 없이 계속할 수 있고요. 만약에 바다장어 양식에 문제가 생긴다면, 손해를 입은 만큼 보상을 해 주겠다는 약속도 시로부터 받아 냈어요."

"정말이요?"

요하네스 아버지의 표정이 순간 부드러워졌어요.

"네. 오히려 발전기로 인해 생산되는 에너지만큼 우리 마을 사람들이 경제적인 이득을 얻을 수 있어요. 그리고 육상에 풍력 발전기를 설치한 덴마크의 다른 해안가 지역을 조사해 봤더니, 집값이 떨어진 경우가 없더군요. 도시 경관과 풍력 발전기의 조화 문제는, 발전기 디자인을 서로 타협해 변경하면 되고요."

"그래도 조합에서 주장하듯, 발전기를 스물일곱 기나 설치하는 건 너무 많은 것 같소."

요하네스 아버지는 이전보다 누그러진 태도로 말했어요. 그러자, 올리버 아버지가 얼른 대꾸했어요.

"아, 발전기 수도 서로 타협해서 조정할 수 있어요."

"흐음, 그렇다면……. 다음 달에 있을 풍력 발전 단지 설립 찬반투표 전에 나한테 말한 내용을 주민들과 얘기해 보면 좋겠군요. 저도 오늘 나눈 얘기를 토대로 어느 쪽이 우리 마을에 도움이 되는지 다시 생각해 보겠습니다."

요하네스 아버지의 말에 올리버가 말했어요.

"이렇게 서로의 입장을 얘기하고 나니 타협점이 생길 수 있네요. 자, 이제 사진 찍게 두 분이 나란히 서 보시겠어요? 요하네스, 사진 찍을 준비 하자."

올리버가 요하네스를 향해 눈을 찡긋거리며 말했어요. 요하네스 역시 미소를 지으며 화답했어요.

"응, 이미 준비하고 있었어. 자, 아버님들, 이쪽을 봐 주세요. 찍습니다."

46

## 7년 후 공개된 그날의 사진

그로부터 7년이 흘렀어요. 7년 전 오토 미켈슨의 광고 촬영 날처럼 아마게르 수변공원은 많은 사람들로 붐볐어요. 그곳에는 다음과 같이 적힌 현수막이 걸려 있었어요.

"일찍 왔네?"

이제 대학생이 된 올리버와 요하네스가 서로 인사를 나눴어요. 요하네스가 먼저 현장에 도착한 올리버의 어깨를 툭 치며 말했어요. 요하네스 손에는 카메라가 들려 있어요. 7년 전 것보다 좀더 작은 최신형 카메라였어요.

"와, 드디어 풍력 발전기가 우리 마을에 세워지는구나. 7년 전에 찬성한 주민들이 더 많아서 이런 모습을 보게 되네. 올리버, 너희 아버지가 고생 많이 하셨다."

"시민들이 계속 대화하면서 서로 입장 차를 줄이고 문제 해결 방법을 하나씩 찾아간 덕분이지. 공통의 이익을 위해 타협점을 찾기도 했고. 어, 행사 시작되나 보다. 사진 잘 찍어라, 요하네스."

"그럼, 우리 대학 신문 이달의 특집인데. 염려 마."

며칠 뒤, 올리버와 요하네스가 함께 취재해서 작성한 기사가 도시의 대학 신문에 실렸어요. 기사의 제목은 '코펜하겐의 도시 풍경을 바꿀 친환경 발걸음, 미들그룬덴 해상 풍력 발전 단지.'였어요. 그리고 기사에는 미들그룬덴 해상 풍력 발전 단지 착공식 사진과 함께 7년 전, 요하네스가 찍었던 오토 미켈슨의 광고 촬영 사진이 함께 실렸어요. 아래와 같은 설명과 함께 말이에요.

### 코펜하겐의 도시 풍경을 바꿀 친환경 발걸음, 미들그룬덴 해상 풍력 발전 단지

마을 주민들로 구성된 미들그룬덴 협동조합은 7년 전, 풍력 발전소 설립을 위해 유명인의 도움을 받아 광고를 제작하기도 했다.

# 줌 인: 코펜하겐의 풍력 에너지

## 친환경 도시, 코펜하겐

### 석유 대신 풍력 에너지를 사용하는 도시

코펜하겐은 맑은 공기, 깨끗한 강, 푸르른 도시 정원, 중세와 현대가 공존하는 아름다운 건축물 등으로 도시 풍경이 그야말로 멋지고 싱그러운 곳이야. 전체 도로 중 40% 정도가 자전거 도로이고 시민의 50% 이상이 매일 자전거를 교통수단으로 이용하는 세계 최고의 자전거 도시이기도 하지. 이렇게 된 데에는 나라가 앞장서서 한 노력이 커.

코펜하겐은 1970년대 국제 석유파동을 겪으면서 사람들이 도시를 떠나고 도시는 점차 가난해졌어. 석유를 중동 국가에서 수입해 에너지로 사용했는데, 갑자기 석유 가격이 급등하면서 물가가 올랐거든.

그래서 덴마크 정부는 에너지를 자체적으로 생산해야겠다고 생각했지. 그 방법으로 석유를 대체할 에너지 정책을 구상했어. 이 과정에서 풍력 에너지가 발전 가능성이 있다는 것을 알고 풍력에 초점을 맞춰 에너지 정책을 펼쳤어. 그 결과 현재 코펜하겐은 전력 소비량의 절반 가까이를 풍력 에너지로 공급하는 세계 최고 수준의 재생 에너지 도시가 되었어.

## 독특한 풍경을 이룬 미들그룬덴 해상 풍력 단지

수도 코펜하겐에서 불과 3.5km 남짓 떨어진 미들그룬덴은 대서양에서 편서풍(1년 내내 서쪽에서 동쪽으로 부는 바람)이 끊임없이 불어 오는 곳이야. 그래서 바다나 강 위에 풍력 발전기를 세우는 해상 풍력 발전에는 최적의 조건이지. 그런데 처음 이곳에 발전소를 짓기는 쉽지 않았어. 도시에 발전소를 지을 만한지 환경영향평가가 시작되자 수천 건의 반대 의견이 쏟아졌거든.

이 환경영향평가는 자연에 미치는 영향부터 사회적 영향까지 다양한 의견을 반영하는 것이라 반대하는 사람들을 설득하는 게 중요했어. 그래서 발전소 건립을 추진하는 조합원들은 시민들을 직접 만나면서 설득했어. 풍력 발전에 관심이 있는 유명인들의 도움을 받아 TV 광고와 노래 등을 제작하기도 했지.

시민들의 오랜 대화와 협의 끝에, 처음 사업을 계획한 지 7년 만에 비로소 발전기를 설립할 수 있었어. 현재 미들그룬덴 해상 풍력 단지는 바다에서 20기의 풍력 발전기가 쉴 새 없이 돌아가. 처음 풍력 발전소를 반대하던 사람들의 우려와 달리 이 독특한 풍경 때문에 관광지가 되기도 했지. 미들그룬덴 해상 풍력 단지는 2001년 완공 후 코펜하겐 전력 소비량의 4%를 생산하고 있을 정도로 중요한 재생 에너지 공급처야.

## 바람은 덴마크의 중요한 자원

덴마크가 풍차로 유명한 나라인 것 알고 있어? 바람이 풍부한 덴마크는 일찍이 바람을 자원으로 이용하기 위한 다양한 실험을 시도했어.

최초로 발전용 풍차를 개발한 건 1891년 한 학교 교사에 의해서였어. 이후 풍차는 날개를 개량하면서 계속 다양한 모양으로 발전해 왔어. 1970년대에는 국제 석유파동을 계기로 정부가 풍력 에너지 발전을 추진해서 전체 전력 소비량의 반 가까이를 풍력 에너지로 공급하게 됐어. 지금은 재생 에너지 활용의 모범으로 꼽히는 나라가 되었지.

# 덴마트 삼쇠섬 : 기적의 그린 아일랜드

덴마크 사람들이 '기적'이라고 부르는 섬이 있어요. 바로 풍력으로 100% '에너지 독립'을 이룬 작은 섬인 삼쇠섬이에요. 삼쇠섬은 전력 수요 전부를 풍력 발전기로 생산해요. 삼쇠섬에서는 육상 풍력 발전기와 해상 풍력 발전기로 가정의 전기뿐 아니라 전기자동차와 버스, 농업용 트랙터 등에 활용할 전기를 생산하고 있어요. 전기뿐 아니라 난방 역시 70%는 태양 에너지와 바이오 에너지로 사용하고 있어 그야말로 재생 에너지 섬이라고 할 수 있지요. 이렇게 생산되는 재생 에너지는 섬 전체 인구가 쓰고도 남아서 생산 전력의 40%는 다른 도시나 국가에 판매하기도 해요. 삼쇠섬이 재생 에너지 자립도시가 된 건 1997년 이후 겨우 10년 만으로 섬 주민들이 적극적으로 참여하고 지지한 덕분이에요.

# 신재생 에너지를 찾았다!

## 풍력 에너지

### 바람으로 어떻게 에너지를 만들까?

풍력 에너지는 자연의 바람을 이용해 풍차를 돌리고, 이때 발생하는 운동에너지를 전기에너지로 바꾸는 방식으로 만들어져. 그래서 바람이 빠르고 강하게 불수록, 그리고 회전에너지를 만드는 날개의 직경이 클수록 많은 전기를 만들 수 있지.

오직 바람만으로 전기를 만들기 때문에 전기를 만드는 과정에서 환경 오염을 일으키지 않는 재생 에너지야. 다만 바람이 적을 때는 에너지가 발생되지 않기 때문에 최소 초속 5m 이상의 바람이 불어야 한다는 제약이 있어. 그래서 풍력 발전 단지는 풍속, 풍향, 고도 등 바람의 특성을 고려해서 지어져야 해. 주로 바다나 산, 섬에 설치되지.

## 육상 풍력 발전와 해상 풍력 발전

 풍력 발전기가 설치되는 장소에 따라 풍력 발전은 크게 해상 풍력 발전과 육상 풍력 발전으로 나뉘어. 산이나 언덕 위에 설치되어 있으면 육상 풍력 발전기, 바다에 설치되어 있으면 해상 풍력 발전기야. 그 커다란

발전기를 왜 굳이 바다 한가운데에 지을까? 해상 풍력 발전이 육지의 풍력 발전보다 훨씬 효율이 좋기 때문이야. 게다가 육상 풍력 발전은 산림 훼손 문제와 인근 주민들이 소음으로 인한 피해를 겪을 수 있다는 단점이 있거든.

바다는 주변에 바람을 막는 장애물이 없이 탁 트여 있어 1년 365일 바람이 대체로 일정하게 불어오고, 풍속 역시 육지보다 70%가량 더 빨라. 게다가 해상 풍력 발전 단지는 해양 생물들에게 서식지와 은신처, 먹이까지 제공하는 어초로도 활용될 수 있다는 장점이 있지.

해상 풍력 발전기의 설치 방식도 나날이 발전하고 있어. 과거에는 육상 풍력 발전처럼 바다 밑의 땅에 발전기를 고정하는 방식이라 수심 50~60m의 바다에서만 설치가 가능했지만, 최근에는 바다에 뜨는 물체에 터빈을 설치하는 부유식 해상 풍력 발전기가 등장해 깊은 바다에서도 설치가 가능해졌어.

이렇듯 해상 풍력이 육상 풍력에 비해 효율이 좋지만, 먼 바다까지 진출해 작업해야 하기 때문에 육상 풍력 발전 단지에 비해 막대한 건설 비용이 든다는 단점이 있어. 그래서 해상 풍력 발전 단지가 있는 곳이 아직은 세계적으로 드물어.

## 해상 풍력 에너지 단지 조성에 좋은 자연환경, 대한민국

우리나라는 삼면이 바다로 둘러싸여 있고, 계절풍(1년 동안 계절에 따라 바뀌는 바람)이 강하며 바람의 세기와 방향이 일정한 편이라 해상 풍력 발전 단지 조성에 매우 유리한 환경이에요. 더구나 우리나라 육지는 산지가 많아 풍력 발전 단지를 지을 곳을 선택하기 어렵지만, 해상 풍력은 상대적으로 지리적 제약이 없고 대규모로 설치할 수도 있지요. 현재 국내 최초의 상업용 해상 풍력 단지인 제주 탐라 해상 풍력 단지가 만들어지고 있어요. 울산광역시에서는 동해 바다에 세계 최대 규모의 부유식 풍력 발전 단지를 만들고 있어요. 또, 바다에 풍력 발전 단지를 세우려면 플랜트라는 기술이 필요한데 우리나라는 세계 수준급의 조선 해양 플랜트 기술을 자랑해요. 그야말로 해상 풍력 에너지 강국이 될 조건을 모두 갖추었으니, 곧 바다에서 커다란 날개가 돌아가는 풍경을 볼 수 있을 거예요!

# 그래서 지금은?

## 바람을 수집해 에너지를 얻는다고?

풍력 발전은 훌륭한 재생 에너지이지만 바람이 많이 부는 장소에서만 활용이 가능하다는 단점이 있어. 이러한 단점을 보완해 탄생한 것이 공중 풍력 발전이야.

공중 풍력 발전은 고도의 바람 에너지를 활용해 전력을 생산하는 것으로 발전기를 설치해 놓고 바람이 불기만을 기다리는 기존 풍력 발전과 달리 공중에서 직접 바람을 찾아다니며 전력을 생산해. 바람은 땅에 가까울수록 약하고 하늘 높이 올라갈수록 강하거든.

실제로 공중 풍력 발전은 기존 풍력 발전보다 4.5배 이상 에너지를 더 많이 만들 수 있어. 그런데 발전기를 어떻게 공중에 띄울까? 두 가지 방식이 있어. 하나는 비행기나 드론 등에 프로펠러와 발전기를 장착해 하늘에서 전기를 생산, 지상으로 보내는 공중 발전 방식이야. 또 하나는 글라이더나 연을 이용하는 거야. 공중에 있는 연이나 글라이더가 8자 형태로 바람을 찾아다니며 바람 에너지를 수집해 지상에 전달하는 지상 발전 방식이지.

공중 풍력 발전은 아직은 상용화되지 않았지만, 기존 풍력 발전의 한계를 극복한 새로운 풍력 발전으로 미국과 유럽을 중심으로 활발히 개발 중이야.

#바람 어느 두 지점 사이에 기압 차이가 생기면 공기는 고기압에서 저기압으로 이동하는데, 이렇게 공기가 이동하는 것이 바람이에요.

#생태계 한 지역에서 살아가며 서로 영향을 주고받는 생물 요소와 비생물 요소를 통틀어 말해요. 지구에는 연못 생태계, 숲 생태계, 사막 생태계, 바다 생태계 등 다양한 종류의 생태계가 있어요. 생태계의 크기는 돌 아래 생태계와 같이 작은 것부터 지구 생태계처럼 거대한 것까지 다양해요. 종류나 크기에 관계 없이 모든 생태계에서는 생물 요소와 생물 요소, 생물 요소와 비생물 요소가 서로 영향을 주고받아요.

#생태계 평형 생태계 내에서 생물의 종류와 양이 급격한 변화 없이 균형을 이루며 안정된 상태를 유지하는 것을 말해요. 생태계 평형은 주로 생물 사이의 먹고 먹히는 관계에 의해 조절돼요. 그러나 특정 생물의 양이 갑자기 달라지거나 서식지의 환경이 급격히 변화하면 생태계 평형이 깨지기도 해요. 생태계 평형이 깨지는 원인에는 홍수, 가뭄, 태풍, 산불과 같은 자연재해나 인간의 활동, 질병 등이 있어요. 생태계 평형이 깨지면 회복하는 데 오랜 시간이 걸리고, 큰 노력이 필요합니다.

# 제 3 장

## 미국 벌링턴에서
## 찾은 수력 에너지

# ◦ 연어가 다치지 않는 발전소를 지어라! ◦

## 자연을 사랑하는 할아버지의 근심

"토미, 오늘 할아버지랑 낚시 갈래?"

할아버지의 말에 토미는 얼른 대답했어요.

"네, 할아버지!"

미국 버몬트 주의 벌링턴에 사는 열한 살 토미가 가장 존경하는 사람
은 할아버지예요. 할아버지는 성공한 사업가인데, 지역사회나 약자를
위한 사회활동도 많이 하죠. 봉사도 열심히 참여해서 동네 사람들도 할
아버지를 무척 존경해요. 특히 벌링턴에서 나고 자란 할아버지는 마을
에 대한 자부심이 강해요.

"토미야, 우리 마을 벌링턴이 속해 있는 버몬트(Vermont) 주의 이름이
무슨 뜻인지 아니? 녹색(Vert)과 산(Mont)이라는 뜻의 프랑스어에서 비롯
된 이름이란다. 즉, '녹색 산의 주'라는 뜻이지. 그만큼 버몬트 주는 푸
르른 산림이 특색인 고장이야. 자연을 훼손하지 않고 보존하는 것, 그게

버몬트 정신이란다."

    할아버지는 마을의 자연을 특히 사랑했어요. 오늘 같은 주말이면, 마을에 있는 위누스키 강에서 낚시를 하고, 가끔은 산속에서 캠핑하는 걸 낙으로 여겨요. 토미도 할아버지를 따라 캠핑과 낚시를 하는 게 즐거워

요. 자연은 겉으로 보기엔 조용하고 지루한 것 같지만, 그 안에 있다 보면 변화가 보이고, 그래서 늘 새로운 세계를 만나는 것 같거든요. 오늘은 어떤 물고기가 잡힐지 기대하면서, 토미는 할아버지와 낚시터로 향했어요.

"할아버지, 지금이에요! 줄을 감아요!"

할아버지의 낚싯대에 입질이 왔어요. 토미의 말에 할아버지가 바로 줄을 감았지만, 물고기가 미끼만 먹고 이미 도망간 뒤였어요.

"저런, 내가 딴생각을 하다가 타이밍을 놓쳤네. 토미야, 미끼 다시 껴 주겠니?"

할아버지와 함께 낚시를 할 때, 미끼를 낚싯바늘에 끼는 일은 토미의 몫이에요. 할아버지가 사용하는 낚싯바늘은 다른 낚시꾼들이 사용하는 것과는 조금 달라요. 그래서 미끼를 끼는 일이 꽤 까다로워요. 물고기에게 큰 상처를 주지 않으려고 미늘이라는 날카로운 부분을 숫돌로 갈아 뭉툭하게 만들었거든요.

오늘은 벌써 열한 번째 미끼를 끼는데 물고기는 한 마리도 잡히지 않았어요. 평소와 달리 할아버지가 입질 타이밍을 못 맞추고 계속 놓쳤기 때문이에요. 평소 할아버지 낚시 실력으로는 이런 적이 없는데, 오늘은 좀 이상해요.

"할아버지, 오늘 좀 이상하세요. 말씀도 별로 없으시고, 진짜 할아버지는 다른 데 있고 가짜 할아버지랑 있는 것 같아요."

토미가 할아버지에게 말하자, 할아버지가 사뭇 진지하게 대답했어요.

"진짜 할아버지는 지금 연어를 살릴 수 있는 방법을 고민 중이거든."

"네? 연어가 죽었나요?"

"아니, 지금 살아 있는 연어들과 앞으로도 같이 잘 살아갈 고민을 하는 거란다."

토미가 무슨 말인지 모르겠다는 듯 눈만 끔뻑이자, 할아버지가 귀엽다는 듯 싱긋 웃으며 말했어요.

"토미야, 우리 버몬트 주는 강의 고도차가 크고 비도 많이 내리기 때문에 수력 발전에 좋은 장소란다. 그래서 할아버지가 주 정부에 이 위누스키 강에다가 수력 발전소를 만들자고 제안했어. 수력 발전소 알지? 댐을 만들어 물을 저장해 필요할 때 사용하기도 하고, 물의 낙차를 이용해 전기를 만들기도 하는 곳 말이야."

"네, 알아요. 저번에 아빠랑 나이아가라 폭포 여행 가서 본 적 있어요. 엄청 큰 댐에서 물이 세차게 흘러내리던데요. 그런데 주 정부에서 안 된다고 했나요?"

"아니, 허가는 받았어. 그런데 조건이 있대."

"무슨 조건인데요?"

"수력 발전소는 친환경적인 재생 에너지이지만, 댐 건설로 인해 생태계에 피해를 줄 염려도 있거든. 그러니 강의 물고기 생태계를 보호할 수 있는 방법도 함께 제시해야 한다는구나. 위누스키 강에는 특히 연어가

많으니까, 연어가 산란기 때 강을 거슬러 올라가는 것을 방해하면 안 되는 거지. 할아버지도 그게 맞다고 생각해. 수력 발전은 친환경 에너지로 알려져 있지만, 발전소로 인해 물고기들에게 피해가 간다면 그건 더 이상 친환경적이라고 할 수 없으니까."

"발전소 때문에 연어들이 다친다면 저도 슬플 것 같아요."

"그래, 근데 방법이 통 떠오르지 않는구나. 할아버지가 계속 연구 중이다."

"할아버지, 저도 버몬트 주 사람이니까, 우리 주의 자연환경 보호를 위해서 같이 고민해 볼게요."

"아이고, 우리 손주가 그렇게 말해 주니 고맙구나."

할아버지가 기특하다는 듯 웃으며 말했어요. 토미는 강을 바라보며 이 아름다운 곳을 잘 지키고 싶다는 생각이 들었어요.


## 엘리베이터 안에서 번뜩!

토미는 그날부터 연어를 보호할 방법을 고민했어요.

'수력 발전소를 만들지만, 연어에게도 피해가 가지 않아야 한다? 수력 발전소는 물이 떨어질 때 물살이 세지니까 아무래도 물살을 거꾸로

오르는 연어들에게 피해를 줄 수 있겠지. 물고기들을 댐 위로 안전하게 올려 주면 좋은데. 한 마리씩 잡아서 옮겨 줄 수도 없고, 참······.'

"토미! 왜 아직 안 올라가고 있었어?"

자신을 부르는 소리에 정신을 차리고 보니, 열린 엘리베이터 밖에 친구 벤이 서 있었어요. 벤과 동네 도서관에서 만나기로 했는데, 벤이 좀 늦는다고 해서 토미가 먼저 도서관에 가 있겠다고 했거든요. 너무 골똘히 생각한 나머지, 층수 버튼을 누르지 않고 있었던 거예요.

"아, 뭐 좀 생각하느라, 층수 버튼을 안 눌렀네."

"아니, 무슨 생각을 하길래 엘리베이터가 안 움직이는 줄도 모르고 있었냐."

벤은 핀잔을 주며 어린이 열람실이 있는 5층 버튼을 눌렀어요.

"연어 생각 좀 하느라."

"그게, 무슨······?"

버튼을 누르자 엘리베이터가 움직이기 시작했어요. 1층, 2층, 3층, 4층······. 엘리베이터가 한 층씩 올라가는 걸 보던 토미가 갑자기 소리를 질렀어요.

"어? 엘리베이터! 벤, 연어도 엘리베이터 같은 걸로 끌어올려 주면 좋지 않을까?"

"야, 자꾸 무슨 연어 타령이야?"

토미가 벤의 물음에 아랑곳하지 않고 말을 이어갔어요.

"댐에 엘리베이터 같은 걸 설치해서 댐 아래에 있는 물고기들을 댐 위로 올려 주는 거야! 그러면 연어들에게 피해가 가지 않을 거야. 벤, 미안한데 나 지금 할아버지한테 가 봐야겠어. 다음에 다시 만나자."

토미는 엘리베이터가 5층에 도착하자, 다시 1층 버튼을 눌렀어요. 그리고 부리나케 집으로 달려갔어요.

"할아버지, 할아버지! 엘리베이터예요!"

할아버지한테 뛰어간 토미는 자신이 생각해 낸 아이디어를 설명했어요. 토미의 이야기를 들은 할아버지의 표정이 놀라움으로 밝아졌어요.

"오, 일리 있는 생각이다, 토미. 승강기의 원리를 이용하면 가능할 수도 있겠구나! 할아버지가 회사 직원들과 그 아이디어를 의논해 보마."

토미는 할아버지에게 도움이 되었다는 생각에 뿌듯했어요.

## 승강기를 이용해 이동하는 연어

1년 후, 위누스키 강에는 기자들과 사람들이 몰려 있어요. 1년 전에 없던 댐이 생겼고, 오늘은 수력 발전소를 처음으로 가동하는 날이에요.

토미도 오늘을 손꼽아 기다렸어요. 할아버지가 사람들에게 댐을 소개하면서 '물고기 승강기' 첫 시연을 선보이는 날이거든요. 할아버지가 사람들 앞에서 인사를 한 뒤, 물고기 승강기를 소개하자 가로, 세로 2m 정도인 검은색 철판이 물 위로 서서히 모습을 드러냈어요.

"저 물고기 승강기는 우리가 타는 엘리베이터에서 아이디어를 얻었어요. 강물에 물고기 승강기를 설치했습니다. 먼저 물고기 승강기 철판 네 방향 중 하류 쪽 입구만 열어 둔 뒤, 그쪽으로 물살을 내보냅니다. 연어는 물살을 거스르는 특성상 계속 승강기 위로 헤엄을 치게 되죠. 즉, 연어가 엘리베이터에 타는 겁니다. 그러면 엘리베이터 문을 닫듯 철판 입구를 닫은 후 연어를 승강기를 활용해 댐 위로 끌어올립니다. 댐 위로 올라온 승강기 속 연어들은 트럭을 이용해 이동시켜 댐 상류에 풀어 줍니다. 그러면 연어들은 발전소로 인해 피해 입을 일이 없죠. 원래대로 강물을 거꾸로 거슬러 오르기만 하면 됩니다."

할아버지의 소개가 끝나자 사람들이 박수를 보냈어요. 할아버지는 말을 이어 갔어요.

"이 물고기 승강기 아이디어는 제 손자, 토미가 처음 생각해 낸 것입니다. 토미, 올라와서 사람들에게 인사할까?"

토미는 갑작스러운 할아버지의 소개에 당황했지만, 씩씩하게 연단에 올라가 사람들에게 인사를 했어요.

"안녕하세요. 저는 할아버지의 손자 토미입니다."

"아니, 어떻게 그런 기특한 생각을 하게 되었나요?"

누군가 토미에게 물었어요. 토미는 쑥스러워하면서도 당당하게 대답했어요.

"연어를 다치게 하고 싶지 않았어요. 그리고 우리 마을의 자연환경이 바뀌지 않고 제가 어른이 돼도 계속 똑같으면 좋겠다고 생각했어요. 할아버지가 자연을 훼손하지 않는 것이 버몬트 정신이라고 하셨거든요."

토미의 말에 사람들이 우레와 같은 박수를 보냈어요.

# 줌 인: 벌링턴의 수력 에너지

## 친환경 도시, 벌링턴

### 미국 최초로 100% 신재생 에너지 발전을 달성한 도시

벌링턴은 인구는 4만 명 정도밖에 안 되지만 면적은 미국 버몬트 주에서 가장 큰 도시야. 아름다운 자연환경으로 유명한 곳이기도 하지. 풍부한 산맥과 강을 비롯해 재생 에너지 생산에 좋은 조건과 자연환경을 사랑하는 벌링턴 주민들의 노력 덕분에 벌링턴은 미국 최초로 100% 신재생 에너지 발전을 달성했어.

1981년 취임한 버니 샌더스 시장이 처음으로 '친환경 신재생 에너지 확대'를 위한 정책을 펼친 이후, 주 정부와 주민들이 함께 재생 에너지 정책을 이어갔지. 현재 벌링턴의 에너지 공급원은 44%가 바이오매스 에너지, 33%가 수력 에너지, 22%가 풍력 에너지, 1%가 태양열 에너지야.

　벌링턴의 가장 큰 에너지원인 바이오매스 에너지는 맥닐 발전소에서 생산하는데, 맥닐 발전소는 화력 발전소이지만 연료와 석탄, 석유 대신 우드칩을 태워 전기를 생산해. 그리고 맥닐 발전소에서 이용하는 우드칩의 95%는 벌목 잔여물, 불량 원목 제품 등 폐기물이야. 우드칩을 태울 때도 대기오염을 줄이기 위해 되도록 트럭을 이용하지 않아. 대신 철도로 운송하고 열차는 하루에 한 번만 운행하고 있어. 이러한 방침 덕분에 벌링턴의 대기오염은 다른 미국 도시들의 100분의 1 수준이야.

## 매일 물고기를 잡는 수력 발전소 직원들

벌링턴은 강의 고도차가 크고, 강수량이 많아 수력 발전에 좋은 환경을 갖추고 있어. 그중 벌링턴 전력의 7.5%를 생산하는 위누스키 원 (Winooski One) 수력 발전소는 자연을 사랑하는 벌링턴의 정신을 보여주는 대표적인 발전소야.

1992년, 처음 한 사업가가 위누스키 원 수력 발전소를 만들 때 벌링턴 시에서는 조건을 내걸었어. 바로 '발전소 건설로 피해를 볼 위누스키 강 물고기의 생태 보호 대책'이었어.

그 사업가가 이에 대한 고민 끝에 내놓은 해법은 '물고기 승강기(Fish Lift)'와 '댐 하류 산소 공급'이었어. 승강기 원리를 발전소에 적용해서, 연어를 승강기로 끌어올린 후 트럭으로 강 상류로 이동시켜 연어가 무사히 발전소 구간을 지날 수 있도록 하는 거지. 댐 상류에는 전자 장치를 설치해 풀어 준 연어들이 무사히 살고 있는지 확인하고 있어.

지금도 위누스키 원 수력 발전소 직원들은 하루도 빠지지 않고 댐 하류에서 물고기 승강기를 이용해 물고기를 잡아서 댐 상류에 풀어 줘.

## 벌링턴의 목표는 넷제로

벌링턴이 재생 에너지 개발에 적극적이었던 것은 '넷제로'라는 목표가 있기 때문이야. 벌링턴은 1978년 넷제로를 달성하겠다고 공표했는데, 넷제로가 뭘까? 지금 세계는 산업화 이후 탄소 배출량이 증가하면서 지구의 기온이 올라가고 있어. 그래서 국제사회가 기후 위기에 대응하기 위한 협의를 해서 지구 평균 온도 상승을 1.5도 이하로 만들자고 협정을 맺었어. 그게 2015년에 맺은 '파리협정'이야.

지구 평균 온도 상승을 1.5도 이내로 억제하기 위해서는 온실가스 배출량을 줄여야 하는데, 국제사회는 2050년까지 탄소를 배출하는 양과 탄소를 흡수하는 양을 합쳐서 탄소 배출량이 0이 되는 것을 공동의 목표로 삼았어. 이를 탄소중립, 즉 넷제로(Net-Zero)라고 해.

탄소중립은 '탄소 배출량(화석연료 연소, 수송 등 인간 활동에 의해 배출되는 탄소량) - 탄소 흡수량(숲 복원, 탄소 제거 기술 등으로 흡수되는 탄소량) = 0'이 되도록 만드는 것이야.

벌링턴은 이 협정이 이루어지기 훨씬 전인 1978년에 넷제로를 선언했고, 이를 달성하기 위해 신재생 에너지를 적극 활용하고 있는 것이지.

## 캐나다 퀘벡: 미국에 수력 에너지를 판매하는 도시

캐나다는 세계에서 네 번째로 큰 수력 발전 에너지 생산 국가예요. 캐나다 전체 에너지 중 절반 이상을 수력 에너지로 사용할 정도이지요. 그중에서도 퀘벡은 2023년 기준 99%가 넘는 에너지를 수력 발전을 통해 얻을 만큼 수력 발전소가 많아요. 캐나다 최대 수력 발전소도 퀘벡에 있지요. 퀘벡에서 생산하는 수력 에너지는 퀘벡에서 사용하고도 남을 정도여서 미국에 판매도 해요. 미국 뉴욕은 퀘벡의 수력 발전소로부터 재생 에너지를 구매하기 위해 퀘벡에서 뉴욕까지 연결하는 송전선을 건설하고 있어요. 송전선이란, 전기를 공급하는 선을 말해요. 보통 송전선은 송전탑을 지어서 연결하는데, 퀘벡에서 뉴욕까지 연결되는 송전선은 환경을 고려해서 송전탑을 짓지 않아요. 대신 송전선을 땅과 강 밑에 묻어 연결하지요.

# 신재생 에너지를 찾았다!

## 수력 에너지

### 물로 어떻게 에너지를 만들까

수력 에너지는 물이 위에서 아래로 떨어지는 낙차의 중력에너지를 동력으로 해. 물이 지닌 위치에너지와 운동에너지를 물레방아, 터빈 등을 이용해 전기로 바꾸는 수력 발전은, 전 세계에서 가장 오래된 발전 방식 중 하나야. 전 세계 전력 생산량의 약 16%를 차지할 정도지.

수력 발전은 강이나 호수 상류의 물을 막은 후 수문을 제어해 물을 하류로 거세게 흘려보내는 방식이기 때문에 수력 발전소는 반드시 물이 내려가는 급한 경사를 필요로 해. 그래서 댐의 형태가 가장 흔하지.

수력 발전소는 댐(물을 가두어 저장하는 시설) + 발전용 터빈(흐르는 물의 운동에너지를 회전력으로 바꾸는 장치) + 발전기(회전력을 전기에너지로 바꾸는 장치)로 구성되어 있어.

이처럼 수력 에너지는 물의 흐름을 이용하기 때문에 온실가스 배출이 적고, 깨끗한 전력을 공급하는 친환경 에너지야. 수력 발전소는 연중 강수량이 일정한 곳에 두는 게 효과적이야. 겨울이 돼 물이 얼거나 가뭄으로 물이 말라 버리면 수력을 이용하는 게 불가능할 테니까.

## 댐 없는 수력 발전, 소수력 발전

수력 발전은 온실가스를 배출하지는 않지만, 거대한 댐을 인공적으로 설치하기 때문에 넓은 지역이 물속에 잠기기도 해. 그러면 수중 생태계를 변화시킬 수도 있고, 강, 바다, 호수 등에 영양물질이 증가하면서 녹조 현상의 원인이 되는 조류(주로 물속에서 살며 광합성을 하는 식물성 플랑크톤)가 급속히 증식하는, 부영양화 현상을 불러일으킬 수도 있어. 그리고 자연재해 등으로 댐이 터져 버리기라도 하면 그야말로 큰 재앙이 될 수 있어.

그래서 큰 규모의 댐이 필요 없는 작은 수력 발전소, 즉 소수력 발전소를 짓기도 해. 소수력 발전소는 규모가 작고, 주변 자연물을 활용하기 때문에 수력 발전보다 더 친환경적이고, 수로, 작은 댐, 터널 등 다양한 방식으로 에너지 생산이 가능해.

　소수력 발전소는 규모가 작은 하천, 저수지, 폭포, 심지어 하수처리장 등에 설치할 수 있고 댐보다 설치도 간단하며 비용도 적게 들어. 소수력보다 더 작은 초소수력, 초초소수력 발전도 있어. 인위적인 장치 없이 자연 그대로의 힘을 이용하는 수단으로, 물레방아를 이용한 발전 시설도 초초소수력 발전이라고 볼 수 있어.

# 바닷물로 전기를 만드는 해양 에너지

수력 발전은 물의 낙차를 이용하는 것이기 때문에 드넓은 바다에는 발전소를 설치하기 어려워요. 하지만 바다에서도 바닷물을 이용해 다양한 재생 에너지를 만들어 낼 수 있어요.

·조력 에너지 : 바다의 밀물과 썰물의 차를 이용한 에너지예요. 조석 간만의 차(밀물과 썰물의 변화에 따라 하루 중 해수면이 가장 높을 때와 낮을 때의 차이)가 커야 해서 조력 발전소를 세울 수 있는 지역이 많지는 않아요. 우리나라에는 국내 최초이자 세계 최대 규모인 시화호 조력 발전소가 있어요.

·조류 에너지 : 바다 표면의 일정한 바닷물 흐름, 즉 조류를 이용하는 에너지예요. 우리나라에는 울돌목에 조류 발전소가 세워져 있어요. 우리나라에서 조류가 가장 센 곳이어서 파도 자체로도 에너지를 만들 수 있기 때문이죠.

·파력 에너지 : 바람이 거센 날이면 바다에서 파도가 힘차게 치는 모습을 볼 수 있는데, 이러한 파도의 힘을 이용하는 에너지예요.

·해양 온도 차 에너지 : 바닷속 심해의 차가운 수온과 따뜻한 표면 해수의 온도 차를 이용해 얻는 열에너지예요. 심해와 표면 해수의 온도 차이가 클수록 에너지를 얻는 데 유리해요.

# 그래서 지금은?

## 물로 수소 에너지를 얻는다고?

### 수력 에너지를 넘어 수소 에너지로

수소는 우주에서 가장 양이 많은 원소야. 질량 기준으로 무려 75%를 차지할 정도지. 수소에는 탄소가 없어서 태워도 이산화탄소가 발생하지 않고, 사용 후 다시 물이 되기 때문에 친환경 에너지로 사용하기에 적합해.

자연(실온) 상태에서 수소는 대부분 다른 분자와 결합되어 있어. 예를 들어 물은 산소 원자 1개와 수소 원자 2개가 결합되어 있지. 수소 에너지는 결합된 구조에서 수소만 분리해서, 수소 분자의 에너지를 전력이나 열로 변환하는 기술이야. 지금까지 없던 에너지라고 해서 '신에너지'로 분류돼.

수소는 산소 및 탄소와 결합된 형태로 무수히 존재하기 때문에 어디에서나 쉽게 구할 수 있는 에너지원이기도 하지.

지금 전 세계 주요 국가들은 앞다투어 수소 에너지를 생산하려고 하고 있어. 앞으로 수소 에너지를 주도적으로 생산하는 국가는 지금의 석유 생산국과 같은 지위를 얻을 수 있다고 하거든.

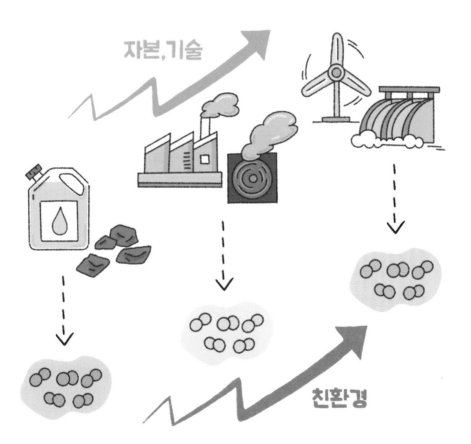

수소 에너지는 그 생산 방식에 따라 세 가지 색깔로 분류돼.

석유나 석탄 같은 화석연료의 부산물로 얻는 그레이 수소, 그레이 수소처럼 화석연료에서 수소를 얻지만, 탄소 포집 기술이라는 것을 활용해 이산화탄소 배출량을 줄인 블루 수소, 마지막으로 태양광이나 풍력, 수력 등 재생 에너지에서 나온 전기로 물을 전기 분해하여 생산하는 그린 수소. 그레이 수소에서 그린 수소로 갈수록 친환경적이며, 더 수준 높은 기술과 많은 자본이 필요해.

수력 에너지는 그 자체로도 친환경적이지만, 이를 이용해 수소 에너지를 만들 수도 있어. 오스트리아는 라인 강의 수력 발전소에 그린 수소 생산 시설을 건설 중이고, 우리나라도 경기도의 한 소수력 발전소를 이용해 수소를 만드는 그린 수소 생산 시설을 만들고 있어.

수력 에너지로 수소 에너지를 만든다면, 강수량과 날씨 때문에 에너지 생산에 제약이 있는 수력 에너지의 단점을 보완할 수 있게 될 거야.

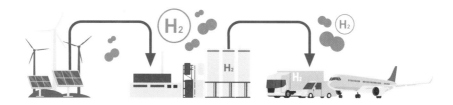

#다목적 댐 하천 중·상류에 건설해 홍수와 가뭄을 예방하고 전기를 생산해요.

#기후 위기 지구온난화와 기후 변화를 말해요. 전 세계는 산업혁명 이후 엄청난 온실가스를 배출해 심각한 기후 위기를 겪고 있어요.

#온실가스 지구 대기 기체의 구성 물질이에요. 지나친 온실가스는 온실효과를 초래하는데, 이는 기후에 변화를 주면서 환경에 안 좋은 영향을 끼치기도 해요. 인간의 활동으로 인한 온실가스 배출을 줄이고자 전 세계가 노력하고 있어요.

#생태계 보전 생태계가 파괴되면 사람을 포함한 대부분의 생물이 살아가기 어려워요. 생태계의 훼손을 막고, 생태계를 보전하기 위해 노력해야 해요. 예를 들어, 하천에 만들어진 둑은 물고기가 지나다니는 길을 막아 알을 낳거나 먹이를 찾는 것을 방해해요. 둑에 물고기 길을 만들면 물고기가 살아가는 생태계를 보전할 수 있어요.

## 생각하는 어린이 시리즈 사회편

### 한국사에서 찾은 다문화 이야기 강미숙 글 | 김석 그림 | 가격 14,000원

# 가야의 김수로왕과 결혼한 아유타 왕국의 공주 허황옥 # 다문화 가정에서 태어난 장영실 # 신라를 위해 일했던 외국인, 처용 # 고려를 지키는 데 앞장선 안남국 난민, 이용상 # 일본 장군이지만 조선을 사랑해 귀화한 김충선 # 백제의 불교문화를 배워 전파한 일본의 비구니

★ 키워드 : 다문화, 이주 여성, 다문화 가정, 외국인 근로자, 이민, 난민, 유학생, 다양성

### 음식에서 찾은 공정한 경제 이야기 김미현 글 | 에이욥 그림 | 가격 14,000원

# 배달 음식을 시키면서 생각하는 노동과 분배 # 지역 주민과 여행객이 함께 즐거운 공정여행 # 동네 골목에서 벌어지는 젠트리피케이션 # 캐릭터 빵으로 알아보는 합리적 소비 # 치킨, 아이스크림 값으로 배우는 독과점 담합 # 바나나 농장을 살리기 위한 공정무역

★ 키워드 : 공정경제, 공정여행, 공정무역, 플랫폼 노동, 공정한 경제, 금융, 무역, 윤리적 소비

### 우리 가족에서 찾은 노동 인권 이야기 오은숙 글 | 이국현 그림 | 가격 14,000원

# 적정한 임금을 보장받을 권리 # 일하고 충분히 쉴 권리 # 건강하고 안전한 일터에서 일할 권리 # 모이고 뭉쳐 행동할 권리 # 존중받으며 일할 권리 # 보호받아야 할 청소년 노동

★ 키워드 : 노동인권, 가족, 노동, 인권, 노동 3권, 헌법, 근로기준법

## 생각하는 어린이 시리즈 과학편

### 우리 집에서 찾은 생태계 이야기

박영주 글 | 편히 그림

★ 키워드 : 자연, 생태계, 도시 생태, 곰팡이, 산불, 지구 온난화, 야생 동물, 해충, 익충, 도시 농부

### 음식에서 찾은 화학 이야기

정순 글 | 예슬 그림

★ 키워드 : 음식, 화학, 조미료, 캐러멜화, 갈변현상, 발효, 중화반응, 혼합물

### 동물에서 찾은 파동 이야기

고수진 글 | 김석 그림

★ 키워드 : 동물, 파동, 진동, 주파수, 지진파, 물결파, 중력파, 빛, 가시광선

# 『세계 도시에서 찾은 신재생 에너지 이야기』 교과 연계

| | 과목 | 학년 | 단원 |
|---|---|---|---|
| 제1장<br>독일<br>프라이부르크에서<br>찾은 태양 에너지 | 사회 | 5-1 | 1. 국토와 우리 생활 |
| | 사회 | 6-2 | 2. 통일 한국의 미래와 지구촌의 평화 |
| | 과학 | 5-1 | 3. 태양계와 별 |
| | 과학 | 6-2 | 5. 에너지와 생활 |
| | 과학 | 6-2 | 3. 연소와 소화 |
| 제2장<br>덴마크 코펜하겐에서<br>찾은 풍력 에너지 | 사회 | 5-1 | 1. 국토와 우리 생활 |
| | 과학 | 5-2 | 3. 날씨와 우리 생활 |
| | 과학 | 6-2 | 1. 전기의 이용 |
| 제3장<br>미국 벌링턴에서<br>찾은 수력 에너지 | 과학 | 4-2 | 5. 물의 여행 |
| | 과학 | 6-1 | 3. 여러 가지 기체 |
| | 과학 | 6-2 | 5. 에너지 생활 |
| 제4장<br>오스트리아<br>무레크에서 찾은<br>바이오 에너지 | 과학 | 4-2 | 1. 식물의 생활 |
| | 과학 | 5-1 | 5. 다양한 생물과 우리 생활 |
| | 과학 | 6-2 | 3. 연소와 소화 |
| 제5장<br>일본 기타큐슈에서<br>찾은 폐기물 에너지 | 도덕 | 3 | 6. 생명을 존중하는 우리 |
| | 사회 | 4-2 | 1. 촌락과 도시의 생활 모습 |
| | 사회 | 4-1 | 3. 지역 공공 기관과 주민 참여 |
| | 사회 | 6-1 | 3. 우리나라의 경제 발전 |
| | 과학 | 6-2 | 5. 에너지 생활 |
| 제6장<br>케냐 나이바샤에서<br>찾은 지열 에너지 | 과학 | 4-2 | 5. 물의 여행 |
| | 과학 | 6-1 | 3. 여러 가지 기체 |
| | 과학 | 6-2 | 5. 에너지 생활 |

# 생각하는 어린이 시리즈 사회편

**동물에서 찾은 환경 이야기**
김보경, 지다나 글 | 이진아 그림
★키워드 : 환경, 쓰레기, 플라스틱, 멸종 동물

**전염병에서 찾은 민주주의 이야기**
고수진, 지다나 글 | 조예희 그림
★키워드 : 전염병, 인권, 민주주의, 역사, 사회, 차별
★2024년 한우리 독서토론 논술 추천도서

**유튜브에서 찾은 경제 이야기**
황다솜 글 | 이진아 그림
★키워드 : 유튜브, 경제, 시장, 공급, 수요, 생산, 소비, 판매, 광고, 세금, 소득

**도서관에서 찾은 인권 이야기**
오은숙 글 | 이진아 그림
★키워드 : 도서관, 책, 인권, 역사, 사회, 차별
★2023년 한우리 독서토론 논술 추천도서

**축제에서 찾은 동물권 이야기**
서민 글 | 박선하 그림
★키워드 : 동물보호, 생태계, 멸종 위기종, 축제, 경마, 투우, 고래 사냥

**세계 마을에서 찾은 공동체 이야기**
김미현 글 | 김소희 그림
★키워드 : 공동체, 협동, 위기극복, 경제, 주거, 식량, 에너지, 공동육아

**쓰레기에서 찾은 불평등 이야기**
하영희 글 | 이진아 그림
★키워드 : 쓰레기, 불평등, 핵폐기물, 플라스틱쓰레기, 재활용, 우주쓰레기

스마트폰에서
디지'

**전쟁에서 찾은 세계 지리 이야기**
김정희·양수현 글 | 박선하 그림
★키워드 : 전쟁, 지리, 지도, 분쟁, 영토, 자원, 반전

**식탁에서 찾은 세계 시민 이야기**
유소라·조윤주 글 | 이진아 그림
★키워드 : 세계시민, 음식, 빈곤, 기아, 불평등, 차별, 아동노동, 기후, 동물복지

SN'
9

메타버스에
뇌과학 이
고수진 글 | 박우
★키워드 : 메타버스, 가
과학, 디지털,
게임

김'
레

# 제 4 장

# 오스트리아 무레크에서 찾은 바이오 에너지

# 에너지 농사를 짓는 농부들

## 옥수수 농사를 포기하는 농부들

"요제프, 곧 식사해야 하니까 농장에 가서 아빠 좀 불러올래?"

요제프네는 오스트리아의 작은 시골 마을 무레크에서 옥수수 농장을 운영해요. 요제프가 엄마의 말을 듣고 아빠를 찾으러 옥수수 농장에 가니, 마침 다니엘 아저씨가 농장에 와 있었어요. 다니엘 아저씨는 요제프가 태어날 때부터 친구로 지내는 칼의 아버지로, 아버지들끼리도 친하죠.

장난기가 발동한 요제프는 아빠와 아저씨를 깜짝 놀래키려고 살금살금 다가가다가, 잠시 멈칫했어요. 어쩐지 심각한 말을 나누는 것 같았거든요.

"그래, 빈에서 일하는 건 괜찮나, 다니엘?"

아빠 목소리였어요. 다니엘 아저씨는 1년 전부터 옥수수 농사를 포기하고 무레크에서 기차로 세 시간 거리에 있는 빈에 일자리를 얻었어요. 집과 멀어서 주중에는 빈에서 지내고 주말에만 잠깐 무레크에 다니러

오곤 했죠. 그런데 칼의 얘길 들어 보면, 교통비를 아끼느라 그마저도

요즘은 한 달에 한 번씩만 집에 오시는 것 같아요.

"빈도 물가가 올라서 힘들어. 일도 적성에 맞지 않고……. 얼른 무레크로 돌아와서 다시 옥수수 농사나 지으며 살고 싶어."

"관둬. 우리도 지금까지 겨우 버텨 왔는데, 이제 더 이상 유지하기 힘들 것 같아. 곡물 가격이 계속 하락하니, 팔 수 없어서 곡물은 남아돌고, 사료도 남아돌고……. 파는 것보다 버리는 게 더 많다니까. 남는 건 다 쓰레기인데 그것도 처치 곤란이고. 나도 옥수수 농장을 정리하고 자네처럼 빈에 직장을 구해 볼까 생각 중이야."

요제프는 아빠의 말이 가슴에 아프게 박혔어요.

'아빠가 다니엘 아저씨처럼 집을 떠나 빈으로 간다고? 우리 옥수수 농장을 버리고?'

사랑하는 아빠랑 같이 살 수 없다는 생각만으로도 요제프는 벌써 슬퍼졌어요. 그리고 어릴 때부터 뛰놀던 놀이터이자 제2의 집 같은 옥수수 농장을 포기한다는 아빠의 말이 충격적이었죠.

다니엘 아저씨가 말을 이어갔어요.

"남는 곡물과 사료를 활용할 방법이 있으면 좋겠는데……."

"무엇보다 치솟는 석유 가격이 안정되어야 해. 게다가 석유 유통을 대기업들이 독점하니까 우리 같은 외딴 시골 마을은 더 힘들지."

"맞아. 에너지를 우리가 직접 생산할 수 있다면 좋을 텐데 말이야. 어,

요제프구나!"

그때 다니엘 아저씨가 요제프를 발견하고는 반갑게 인사를 했어요. 오랜만에 만난 아저씨는 어쩐지 피곤해 보이고, 더 늙은 것 같았어요.

"요제프, 엄마가 밥 먹으라고 보냈구나? 다니엘, 그럼 난 밥 먹으러 우리 아들과 집에 가겠네. 다음에 또 얘기 나누자고."

요제프는 아빠와 집으로 돌아가면서도 계속 아까 들었던 말들이 맴돌아 마음이 무거웠어요.


요제프는 학교에서도, 친구와 놀 때도 아빠가 마을을 떠날 수도 있다는 생각에 계속 불안했어요.

'아빠가 마을을 떠나지 않게 할 방법이 없을까?'

"요제프, 너 계속 무슨 생각해? 오늘까지 이 숙제 끝내야 한단 말이야."

함께 숙제하던 칼의 말에 요제프는 정신이 들었어요. 오늘의 숙제는 '신문을 읽고 인상 깊은 사건을 요약해서 제출하기'였어요. 칼과 함께 신문을 이리저리 펼쳐보던 참이었어요.

"요제프, 너 어떤 기사로 할지 정했어? 난 이거로 정했어. 귀싱은 우리처럼 가난한 농촌 마을인데, 전기요금이 너무 많이 나오니까 힘들어서 사람들이 도시로 떠나고 있대. 귀싱 주민이 3만 명 정도인데 1년간 전기료가 3500만 유로나 나왔대! 우리 무레크랑 정말 비슷하지 않니?"

"그 마을도 에너지를 직접 생산하면 좋겠구나."

"에너지 생산? 아까 신문에서 그런 비슷한 말을 본 것 같은데. 아, 이거다! 농산물로 에너지를 생산할 수 있는 방법이 있다고……."

칼의 말이 끝나기도 전에 요제프는 신문을 낚아챘어요.

기사는 그라츠 대학교의 마틴 미텔바흐라는 교수가 기고한 사설인데 옥수수나 콩기름, 유채기름, 그리고 식용유 등을 활용해 '바이오디젤'이라는 연료를 만들 수 있다는 내용이었어요. 바이오디젤은 석유를 대체할 수 있을 뿐 아니라, 독성이 없고 재생이 가능하기 때문에 친환경적이라고도 했어요.

"그래, 이거야! 우리 아빠랑 너희 아빠가 말한 에너지 생산! 우리 마을은 이미 옥수수 농장이 있고, 드넓은 숲도 있으니 가능할 거야!"

"무슨 말이야? 에너지 생산이라니?"

요제프의 말에 칼이 어리둥절하며 물었어요.

"나, 이 신문 좀 빌려줘! 아빠한테 보여 드리게!"

## 에너지 생산을 위해 유채꽃을 심어요

"좋은 생각이다, 요제프. 마을에서 식물 농사를 지어서 에너지를 생산하고 그걸 또 우리 마을에서 사용한다면, 석유 가격이 올라도 큰 타격을 받지 않을 수 있어. 내가 얼른 마을 아저씨들하고 의논해 볼게."

그날 이후 요제프의 아빠는 몇 날 며칠 마을 사람들과 만나 이야기를 나눴어요. 요제프가 가끔 지나가면서 들어 보면, '에너지 자립', '친환경 에너지', '유채꽃 농사', '바이오 에너지' 같은 어려운 말들이 오갔어요.

어느 날, 요제프는 얘기가 어떻게 되어가는지 궁금해서 아빠에게 물었어요.

"아빠, 에너지 농사는 어떻게 되어가고 있어요?"

"요제프 네 덕분에 사람들과 함께 여기저기 알아봤더니, 가능한 이야기더구나. 우리 농장에 유채꽃을 심어서 거기에서 나오는 유채꽃 기름을 활용하면 '바이오디젤'이라는 연료를 만들 수 있어. 그래서 마을 사람들끼리 합심해서 진행하려고 해. 다만, 문제가 하나 있는데……."

"뭔데요, 아빠?"

"유채꽃만으로는 연료를 만들 양이 충분하지 않다는 거야. 그렇다고 연료를 만드느라 무한정으로 유채꽃을 심을 수도 없고. 유채꽃을 너무

많이 심으면 그만큼 비용이 들어가기 때문에 연료 값이 오르게 되는데,

그러면 의미가 없잖니?"

아빠의 말에 요제프도 고민이 되었어요.

'방법이 없을까?'

며칠 동안 고심한 요제프는 평생을 농사만 지어 온 무레크 사람들이 이 문제를 해결하기는 벅찰 것이라고 생각했어요. 그래서 다시 그 신문 기사를 펼치고 직접 마틴 교수에게 편지를 보내기로 했어요.

마틴 교수가 재직하고 있다는 그라츠 대학은 그라츠에 있어요. 무레크에서 불과 30km 정도 떨어진 곳이라, 왠지 이웃사촌처럼 가깝게 느껴져서 도와줄 것만 같았어요.

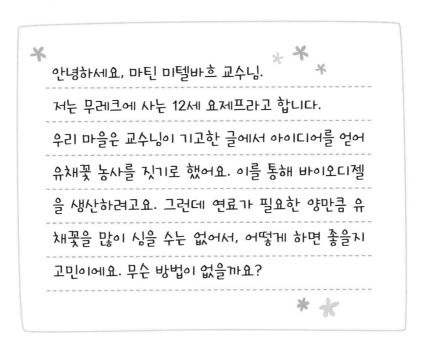

안녕하세요, 마틴 미텔바흐 교수님.

저는 무레크에 사는 12세 요제프라고 합니다.

우리 마을은 교수님이 기고한 글에서 아이디어를 얻어 유채꽃 농사를 짓기로 했어요. 이를 통해 바이오디젤을 생산하려고요. 그런데 연료가 필요한 양만큼 유채꽃을 많이 심을 수는 없어서, 어떻게 하면 좋을지 고민이에요. 무슨 방법이 없을까요?

요제프는 간절한 마음을 담아 그라츠 대학교로 편지를 보냈어요.

## 해결책은, 폐식용유!

편지를 보낸 이후 요제프는 매일 집에 오면 편지함부터 확인했어요. 일주일쯤 지나자, 정말로 그라츠 대학교 직인이 찍힌 편지가 도착했어요. 설레는 마음에 요제프는 얼른 편지를 펼쳐 보았어요.

안녕하세요, 요제프 학생.

학생이 마을을 생각하는 마음에 감동 받았어요. 그래서, 얼른 답을 보내고 싶어서 바쁜 시간을 쪼개 이렇게 펜을 들어요. 요제프가 말한 대로, 연료를 만들기 위해 유채꽃을 많이 심는다면, 그만큼 비용이 늘어나는 것이기 때문에 바이오디젤 연료를 만드는 의미가 퇴색되지요. 또 바이오디젤은 이산화탄소를 줄이는 석유의 대체 재생 에너지인데, 유채꽃 농사 때문에 이산화탄소가 많이 발생한다면 그 또한 문제가 될 거예요.

그래서 난 폐식용유를 함께 활용할 것을 제안해요. 집에서 요리할 때 쓰는 식용유 있지요? 한 번 사용하면 위생 때문에 재사용하지 않고 버리기 마련인데, 이를 모아서 연료를 만들 수 있어요. 식용유도 식물성 기름으로 만든 것이니 이 역시 바

이오디젤이지요. 주민들이 모두 동참하고, 폐식용유를 수거
하는 수고를 누군가 기꺼이 감수해 준다면 가장 좋은 방법이
될 거예요.

요제프는 편지를 들고 아빠에게 달려갔어요. 편지를 본 아빠는 얼굴
이 환해졌어요.

"오호, 정답은 폐식용유에 있었구나!"

"아빠, 각 마을에 폐식용유를 모으는 수거함을 설치하는 게 어때요?
집집마다 폐식용유를 담는 수거통을 나눠 주고, 수거통이 차면 각 가정
은 이 수거함에 버리는 거죠. 그리고, 누군가 이 수거함에서 폐식용유를
걷어 가는 거예요!"

"개인이 하긴 힘들 테니, 폐식용유를 수거할 수 있는 회사에 맡겨야겠
구나. 아니면, 우리 마을 사람들이 직접 회사를 만들어도 되고!"

"그럼, 아빠 빈으로 안 떠나는 거예요?"

"뭐? 아이고, 내가 빈으로 갈까 봐 네가 이렇게 이 일에 몰두했던 거구
나. 녀석."

아빠는 요제프를 안쓰럽게 바라보다 꼭 안아 주었어요.

## 우리 마을에 생긴 에너지 회사

"요제프, 곧 식사해야 하니까, 밭에 가서 아빠 좀 불러올래?"

4년이 지났어요. 이제 요제프는 어엿한 고등학생이에요.

4년 전 옥수수밭이었던 농장에는 이제 유채꽃이 만발해요. 요제프네
를 비롯한 무레크 마을 사람들은 이제 유채꽃을 이용한 '에너지 농사'를
지어요. 덕분에, 무레크는 석유 수입에 의존하지 않는, 에너지 자립 마
을이 되었지요. 요제프가 밭에 가니, 다니엘 아저씨가 찾아와 아빠와 이
야기를 나누고 있었어요.

"그럼 내일까지 유채꽃 기름을 생산 공장까지 가져가면 되나?"

아저씨가 묻자, 아빠가 대답했어요.

"응. 폐식용유 수거 일정도 무리 없이 진행되는 거지?"

"그럼. 어, 요제프 왔구나? 식사 시간인가 보네. 난 이만 가 보겠네."

다니엘 아저씨는 이제 더 이상 빈으로 가지 않고, 무레크에 위치한 폐식용유를 수거하는 회사에서 근무해요. 다니엘 아저씨는 요즘 부쩍 밝아 보이는 것 같아요. 요제프도 기분 좋게 인사했어요.

"네, 아저씨. 또 놀러 오세요!"

# 줌 인: 무레크의 바이오 에너지

## 친환경 도시, 무레크

### 바이오 에너지 회사를 만든 마을

무레크는 오스트리아 동남쪽 끝, 슬로베니아와 접한 국경 마을로, 인구 1700명이 사는 작은 마을이야. 마을 입구부터 옥수수밭이 펼쳐져 있을 만큼, 오랫동안 옥수수 농사를 지어 왔던 곳인데, 1980년대에는 국제 석유파동 여파와 곡물 가격 하락 등으로 매년 남아도는 곡물, 사료가 농민들의 근심거리가 됐어.

정부의 도움보다는 지역에서 답을 찾고자 했던 무레크 농민들은 '에너지 농사'를 짓기로 결정했어. 밭에 유채를 기르고 드넓은 숲을 이용하기로 했지. 농민들이 생산한 유채는 자동차, 트랙터 등 운송 수단의 연료가 되는 바이오디젤로 만들어졌어.

1989년, 마을 사람들은 돈을 모아 바이오디젤 회사(SEEG)를 설립했고, 유채유뿐 아니라, 폐식용유를 수거해 바이오디젤을 생산했어. 그리고 이어서 지역의 폐목재를 활용하는 지역난방 시설과 바이오가스를 이용해 전기를 공급하는 공장을 만들었어.

이렇게 마을 사람들이 힘을 합쳐 세 개의 바이오 에너지 기업을 만든 후, 무레크는 더 이상 석유를 수입하지 않아도 됐어. 에너지 자립을 완벽하게 이루어 낸 거지. 또한 마을에 기업이 생겨 일자리가 생기니 사람들이 마을을 떠나지 않고도 경제적으로 여유롭게 살 수 있게 되었어.

## 폐식용유로 달리는 버스

무레크에서는 폐식용유를 수거하는 3~5L짜리 용기가 각 가정에 무료로 배포돼. 주민들은 폐식용유가 용기에 가득 차면 마을 공동 폐유 수거장에 내놓기만 하면 돼. 그러면 관련 기업이 이를 수거해서, 바이오디젤을 생산하는 공장(SEEG)으로 운송하지. 바이오디젤은 무레크의 차량, 농기구 등의 연료로 사용돼.

이러한 무레크의 폐식용유 활용은 옆 마을 그라츠에도 영향을 미쳤어. 오스트리아 제2의 수도로 불리는 그라츠 역시 각 가정에서 폐식용유를 수거해 무레크의 바이오디젤 생산공장(SEEG)으로 보내. 그라츠에는 폐식용유를 연료로 하는 버스도 다니고 있어. 1994년 버스 두 대를 대상으로 바이오디젤을 실험하다가, 이후 점차 늘려서 10년 뒤에는 150여 대까지 운영하게 됐어.

폐식용유를 이용한 바이오디젤은 1985년 그라츠 대학의 마틴 미텔바흐 교수가 처음 제안했어. 무레크에서 처음 폐식용유를 활용해 바이오디젤을 만들 때 그라츠 대학도 함께 도움을 주었지. 지금도 무레크와 그라츠는 서로 애플리케이션 등을 통해 폐기물 정보와 수거 방식 등을 공유하고 있어.

## 원자력 없는 원자력 발전소

오스트리아의 수도 빈은 유엔산하기구와 석유수출국기구, 국제원자력기구의 본부가 있는 에너지 관련 국제회의의 중심지야. 그런데 정작 오스트리아에는 원자력 발전소가 없어.

1978년, 빈에서 35km 거리에 있는 츠벤텐도르프에 원자력 발전소를 완공한 후 발전소 가동 여부를 국민투표에 부쳤어. 반대하는 사람이 더 많아서 발전소를 가동시키지 않았지. 그 후 오스트리아는 '원자력사용금지법'을 만들었어. 1986년 우크라이나의 체르노빌 원전 사고 이후에는 국민들 사이에 반핵 정서가 더더욱 확산됐어. 1997년, 오스트리아 국회는 만장일치로 계속 핵 없는 나라로 남기로 했지.

10억 유로라는 거금을 들여 만든 츠벤텐도르프 원자력 발전소는 지금 어떻게 되었을까? 재밌게도 2009년, 태양 에너지 패널 1000개를 지붕에 설치해 태양광 발전소로 변신했어.

# 브라질 상파울로: 자동차가 사탕수수로 달리는 도시

브라질은 1970년대 국제 석유파동으로 에너지 수급에 어려움을 겪고는 에너지 독립성을 키우기로 했어요. 그래서 주목한 것이 사탕수수였어요. 브라질은 전 세계를 통틀어 사탕수수를 가장 많이 생산하는 국가거든요. 브라질은 사탕수수를 이용한 바이오에탄올을 생산해 석유 대신 자동차 연료로 이용하고 있어요. 바이오에탄올은 곡물을 발효시켜서 생산하는 에너지원이에요. 사탕수수로 만든 바이오에탄올을 자동차 연료로 사용하면 가솔린을 사용하는 자동차에 비해 배출 가스를 90% 이상 줄일 수 있어요. 특히 상파울로는 브라질 사탕수수의 60%를 생산하는 지역이에요. 사람들은 이곳 사탕수수 농장을 '녹색 석유 밭'이라고 부르지요. 상파울로를 비롯한 브라질의 주유소에는 가솔린, 경유 외에 우리나라에는 없는 에탄올 급유 메뉴가 하나 더 있어요. 그만큼 바이오 에탄올을 많이 쓰고 있지요.

# 신재생 에너지를 찾았다!

## 바이오 에너지

### 꽃으로 어떻게 에너지를 만들까?

　바이오 에너지란 식물 자원에서부터 축산 분뇨까지 다양한 생물 자원(바이오매스)를 열분해하거나 발효해서 얻는 에너지를 말해.

　바이오 에너지에 사용되는 생물 자원은 주로 나무, 나무 찌꺼기, 짚, 거름, 사탕수수같이 농업을 통한 생산물이나 부산물이 많지만, 가축 배설물이나 음식 쓰레기 같은 것들도 포함돼.

농작물은 주로 액체 연료(바이오에탄올, 바이오디젤)로 쓰이고, 가축 배설물이나 음식 쓰레기는 가스(바이오가스)로, 폐지, 볏짚 등은 난방 원료로 쓰이지. 바이오 에너지는 화석연료에 비해 오염 물질을 적게 배출하고, 계속해서 생산되는 자원을 연료로 하기 때문에 고갈될 우려도 적은 친환경 에너지야.

## 옥수수보다 똥이 좋은 이유

옥수수, 유채, 사탕수수 등을 이용해 만드는 바이오 에너지는 분명 석탄, 석유 같은 화석연료보다는 탄소 배출량이 적어서 지구에 도움이 되는 에너지야. 그런데 에너지 생산을 위해 작물 생산량을 마구 늘리면 어떻게 될까?

농사를 짓는 데에도 이산화탄소와 오염이 발생하기 때문에 화석연료를 사용하는 것과 다를 바가 없게 될 수 있어. 그리고 이 원료들은 사람이 먹는 작물이라, 에너지를 만드는 데 너무 많이 사용하면 작물 가격이 오를 수밖에 없어. 이는 애그플레이션으로 이어질 수 있어. 애그플레이션(agflation)이란, 농업(agriculture)과 인플레이션(inflation)을 합친 말로 농산물

가격이 급등하면 다른 물가까지 같이 올라간다는 뜻이야.

애그플레이션은 사람들을 경제적으로 힘들게 하지. 그래서 바이오 에너지는 농작물보다는 폐식용유나 폐우유, 음식물 쓰레기, 동물의 배변 등을 활용하는 것이 지구 환경에 훨씬 좋아. 이 때문에 최근에는 폐식용유와 음식물 쓰레기로 만든 항공유, 폐식용유로 만든 플라스틱, 폐우유로 만든 펠릿(필름이나 신소재 포장재 등에 필수로 들어가는 소재) 등을 개발하는 연

구가 활발히 진행되고 있어. 또한 가축의 분뇨와 방귀에서 나오는 메탄 가스는 온실가스의 주범이지만, 이를 이용한 바이오가스는 거꾸로 이산화탄소를 줄일 수 있어.

 **지식플러스+**

## 떠오르는 바이오 원료, 목재 폐기물 리그닌

오래된 책의 종이 색이 누렇게 변하는 걸 본 적 있지요? 왜 그럴까요? 바로 나무 속에 있는 '리그닌'이라는 물질 때문이에요. 리그닌은 식물 세포벽의 주성분으로 목재의 20~30%를 차지하는 물질이에요. 쉽게 부패하지 않고 단단하기 때문에 식물을 지지하거나 보호하는 역할을 해요. 그동안 리그닌이라는 물질은 분자구조가 복잡하고 다른 물질과 잘 섞이지 않는 성질 때문에 대부분 폐기되거나 땔감으로만 활용되었어요. 그런데 최근 리그닌을 새로운 에너지원으로 만드는 기술이 개발되었어요. 리그닌을 활용해 항공유를 만들거나 수소를 만들 수 있게 된 거예요. 이 밖에도 리그닌은 배터리, 접착제 등으로 재탄생되고 있어요. 특히, 리그닌을 이용한 항공유는 2020년 우리나라 과학자들이 개발한 기술로 만들어 낸 거예요. 이러한 기술들 덕분에 리그닌은 세계 과학자들이 주목하는 친환경 소재가 되었어요.

# 그래서 지금은?

## 바다에서도 바이오 에너지를 얻는다고?

> 풍부한 해양 자원 활용, 해양 바이오

바이오 에너지는 해양 생물에서도 얻을 수 있어. 이를 해양 바이오 에너지라고 불러. 바다는 지구 표면적의 약 70%를 차지하고 있고, 지구 전체 생물종의 80%, 약 33만 종이 서식하고 있어. 즉, 해양 바이오가 될 생명 자원이 무궁무진하다는 의미지. 그런데 현재 인류가 사용하고 있는 해양 바이오는 전체 해양 생물의 단 1%에 불과해. 그만큼 바다에는 해양 바이오에 활용될 잠재적인 원료가 많다는 얘기야.

최근에는 해양 바이오에 활용할 만한 새로운 생물체가 하나씩 발견되어 화제가 되고 있어. 바닷속에 사는 0.1mm 이하의 작은 미생물을 통해 수소를 얻을 수 있다는 걸 발견했고, 해조류를 정제, 발효해서 생산하는 해양 바이오 에너지도 개발되고 있어.

녹색 미세조류에서 바이오디젤을 얻는 연구도 진행 중이지. 우리나라는 삼면이 바다로 둘러싸여 있기 때문에 해양 바이오 에너지를 개발하기에 최적의 조건이야. 미래에는 해양 생물에서 나온 연료를 사용하는 로켓이 우주로 날아갈 수 있지 않을까?

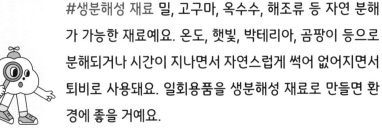

## 교과서 속 재생 에너지 키워드

#생물 우리 주변에는 동물과 식물 이외에도 곰팡이, 버섯, 세균 등 다양한 생물이 살아요.

#미생물 맨눈으로 관찰하기 어려운 작은 크기의 생물을 말해요. 미생물은 의료나 산업 등 실생활의 여러 분야에서 활용돼요.

#생분해성 재료 밀, 고구마, 옥수수, 해조류 등 자연 분해가 가능한 재료예요. 온도, 햇빛, 박테리아, 곰팡이 등으로 분해되거나 시간이 지나면서 자연스럽게 썩어 없어지면서 퇴비로 사용돼요. 일회용품을 생분해성 재료로 만들면 환경에 좋을 거예요.

# 제 5 장

# 일본 기타큐슈에서 찾은 폐기물 에너지

## 학교가 문을 닫는다고?

"모두 차렷. 선생님께 경례. 콜록."

반장인 이야코가 말하자, 아이들이 일제히 선생님에게 인사를 했습니다.

"안녕하세요, 선생님. 콜록."

"콜록, 콜록."

아이들은 이야코처럼 기침 소리를 내며 인사를 했어요. 그런 아이들을 바라보는 선생님의 표정은 어둡기 그지없었죠. 반 아이들 대부분이 기침을 하는 모습을 침통하게 지켜보던 선생님이 조용히 입을 열었어요.

"오늘 너희에게 슬픈 소식을 전해야 할 것 같구나. 오랜 논의 끝에 우리 시로야마 초등학교는 문을 닫기로 했다. 점점 더 심해지는 광학 스모그 때문에 매일 등교하는 것이 너희들 건강에 좋지 않다고 판단했어. 미

110

안하구나."

이야코를 비롯한 아이들은 뜻밖의 소식에 충격을 받았어요. 이야코가 선생님에게 물었어요.

"그럼 우리는 이제 어떻게 하나요? 콜록. 학교도 위험하고 마을도 위험하면, 집에만 있어야 하나요? 콜록, 콜록."

선생님은 슬픈 표정으로 말했어요.

"글쎄, 나도 잘 모르겠구나. 이 마을이 바뀌지 않는 한, 방법이 없을 것 같아. 아니면 이 마을을 떠나야 하는데, 너희 부모님들 대부분이 이 곳 공업단지의 제철소나 공장에서 일하시는 이상 그러기도 쉽지 않고……. 이 도시는 공장들 때문에 먹고살게 되었는데, 바로 그 공장 때문에 너희가 피해를 입게 되다니, 안타깝구나. 오늘 조례는 여기에서 마치자."

선생님이 서둘러 조례를 마치고 나가자, 교실은 충격받은 아이들 입에서 터져 나오는 볼멘소리와 기침 소리로 시끄러워졌어요.

"그럼 우리는 이제 공부도 못하고, 친구들끼리 만나지도 못하고 환자처럼 집에만 있어야 하는 거야? 콜록."

"바보야, 우린 이미 환자야. 콜록, 콜록. 다른 도시 아이들은 이렇게 1년 내내 기침하지 않는다고, 콜록."

아이들은 손수건으로 입을 가리고 연신 콜록거렸어요.


한 달 후, 학교는 정말로 문을 닫았고, 이야코는 며칠째 집에만 있게 됐어요. 갑자기 할 일이 없어진 이야코는 종일 집에서 TV를 보거나 그림을 그리며 학교와 친구들을 향한 그리움을 달랬어요.

"이야코, 엄마 왔다. 뭐 하고 있니?"

하루 종일 혼자 무료한 시간을 보내는 이야코는 엄마라도 집에 있는 게 좋지만, 엄마는 학교가 폐교된 뒤 부쩍 외출이 잦아졌어요. 학교 문제를 의논하기 위해 마을 엄마들끼리 모이는 일이 늘었기 때문이에요.

"엄마, 콜록. 나는 언제 친구들과 다시 학교에 다닐 수 있어요?"

"학교가 다시 문을 열려면 우리 마을 공기가 좋아져야 해. 엄마들이 대기오염 문제를 해결해 달라고 시에 요구하고 있는데, 통 반응이 없네. 아무래도 주부들이라고 무시하는 것 같구나. 그런데 이야코, 오늘은 뭘 그렸니?"

엄마는 이야코가 그린 그림을 가리키며 물었어요.

"학교에서 친구들과 운동장에서 뛰노는 그림이에요. 사실 한 번도 그래 본 적은 없지만, 늘 해 보고 싶었던 거라……."

"그런데, 이야코. 하늘이 회색이구나? 어차피 희망사항을 담은 그림인데 이왕이면 파란색으로 그리지 않고?"

엄마의 말에 이야코가 의아한 듯 물었어요.

"하늘이 어떻게 파란색이죠?"

이야코의 대답에 엄마 표정이 굳었어요. 평소 이야코를 바라보던 슬픈 표정보다도 더 슬퍼 보였고, 충격까지 받은 표정이었죠. 이야코가 또

터져 나오는 기침 때문에 손수건으로 입을 막으며 기침을 해대자, 말없이 그 모습을 바라보던 엄마가 혼잣말처럼 얘기했어요.

"시에만 요구하는 건 소용이 없어. 우리 마을의 현실을 일본 전역에 알려야 해. 말로만 해서는 아무도 들어주지 않아. 이런 아이들의 모습을 직접 눈으로 볼 수 있게 해 줘야 해."

엄마의 말을 들은 이야코가 말했어요.

"우리가 TV에 나온다면 일본 사람 모두가 볼 수 있지 않을까요?"

이야코의 말에 엄마가 TV로 눈을 돌렸어요. TV에서는 마침 밝게 웃는 아이들의 모습이 나오고 있었어요.

"그래, 우리가 직접 우리 모습을 찍는 거야. 우리 마을의 상황을 카메라에 담아 영화로 보여 주는 거지!"

엄마의 비장한 모습을 보며 이야코가 말했어요.

"엄마, 그럼 저도 도울 수 있게 해 주세요! 하루 종일 집에만 있는 것보다는 그게 덜 힘들 것 같아요."


## 엄마들이 찍는 영화


"여기 이 빨래들도 좀 찍어 주세요! 빨래를 널어 놓으면 공해 때문에 빨기 전보다 더 새카매진다니까요."

　이야코는 매일은 아니지만 가끔 손이 모자랄 때면 엄마와 동네 아주
머니들을 따라 영화 촬영하는 것을 도왔어요. 고작 카메라 선 정리 같은
작은 일이었지만, 가끔 이야코처럼 엄마를 도우러 나온 친구들도 만나
고, 마을을 돕는 일에 자신도 한몫한다는 게 뿌듯했어요. 하지만, 카메

라에 담은 도시의 모습은 유쾌한 장면은 아니었어요.

"헉, 냄새! 오늘따라 냄새가 더 심한 것 같아요."

도카이 만을 촬영한 날은 바다에서 나는 악취 때문에 유독 힘들었어요.

"공장에서 폐수를 그냥 바다로 버리는 바람에 우리 도시에서는 이런 악취가 매일 나는 거란다. 폐수로 바다색이 갈색이 될 정도이니! 오죽하면 도카이 만을 '죽음의 바다'라고 부르겠니."

엄마들은 도카이 만뿐 아니라 광학 스모그 때문에 잿빛이 된 기타큐슈의 하늘과 24시간 시커먼 연기를 내뿜는 도시의 제철 공장, 그리고 공장에서 버린 폐기물이 넘쳐나는 동네 곳곳을 카메라에 담았어요.

"엄마, 영화라면 배우도 있고, 대본도 있어야 하지 않아요? 왜 맨날 보는 우리 마을 모습만 찍어요?"

이야코는 어느 날, 자신이 생각한 영화와는 다른 장면들만 찍히는 모습에 의아해서 물었어요.

"이건 우리 마을을 있는 그대로 알리는 고발성 기록영화라서 그렇단다. 그래서 특별한 연출도, 배우도 필요가 없어."

몇 달 후, 영화가 완성되었고, 엄마들은 영화 시사회를 위해 마을 사람들과 시청 공무원들, 그리고 환경 시민단체 사람들을 초대했어요. 영화의 제목은 '푸른 하늘이 보고 싶다'였어요.

영화를 상영하기 전, 이야코 엄마는 사람들 앞에서 이렇게 말했어요.

"기타큐슈의 아이들은 그림을 그릴 때 대부분 하늘을 검은색이나 회색으로 색칠합니다. 푸른 하늘은 TV 속에나 있는 줄 알아요. 우리 아이들에게 푸른색의 하늘을 보여주고 싶다는 엄마의 마음으로 이 영화를 만들었습니다."

영화가 상영되고 얼마 뒤, 기타큐슈 시장이 직접 마을로 찾아왔어요. 시장을 만나려고 마을 사람들이 모여들었고, 시장은 강단에 올라가 사람들에게 말했어요.

"여러분의 노력으로 우리 기타큐슈의 환경오염 문제가 얼마나 심각한지를 일본 전역이 알게 되었습니다. 그 문제에 공감하는 우리 시에서는 이 도시에 24시간 하늘을 감시하며 공장의 대기오염에 관한 상세 정보를 제공하고, 대기오염이 기준치 이상일 경우 공장에 개선 지시를 내리는 시설물을 설치하기로 했습니다."

"와아!"

시장의 말에, 마을 사람들은 모두 환호하며 기뻐했어요.

"그동안 아무리 얘기해도 듣지 않더니, 영화가 효과적이긴 하네."

사람들이 영화 만들길 잘했다며 기뻐하는 틈에, 이야코 엄마가 마이크를 잡고 얘기했어요.

"시의 결정에 감사한 마음을 표합니다. 하지만, 우리는 감시를 하는

것에서 그치면 안 된다고 생각합니다. 공장에서는 오염수뿐 아니라, 폐기물도 수없이 나오는데 그 폐기물 처리가 제대로 되지 않아 우리 마을은 점점 더 오염되고 있습니다. 그 때문에 우리 기타큐슈는 세계환경기구로부터 세계에서 가장 더러운 도시로 지정되는 불명예를 안았죠. 시와 우리 마을 사람들은 여기에서 그치지 않고 우리 기타큐슈가 깨끗한 환경을 갖추는 도시가 되기 위한 노력을 계속 이어가야 한다고 생각합니다."

이야코 엄마의 말에 마을 사람들은 모두 맞장구치며 환호를 보냈어요. 이야코는 그런 엄마가 자랑스러웠어요.

## 쓰레기 도시에서, 쓰레기를 활용하는 도시로

"여러분, 페트병은 어떻게 버려야 하지요? 페트병에 붙은 종이테이프를 떼서 플라스틱과 따로 분리해서 버려야 해요. 쓰레기 분리수거 할 때 헷갈리는 건, 선생님이 나눠 준 분리수거 책자를 참고하세요."

"하지만, 너무 두꺼워요, 선생님. 30페이지가 넘는걸요."

"우리 기타큐슈는 쓰레기 분리수거 기준이 세계 어느 도시보다 세세하게 정해져 있어요. 쓰레기를 철저하게 분리해야 쓰레기를 에너지로 재활용할 수 있어요. 우리 기타큐슈가 '에코 도시'가 될 수 있었던 이유예요."

20년 후, 이야코는 자신이 어릴 때 폐교되었던 학교에서 아이들을 가르치고 있어요.

"여러분, 창밖으로 하늘을 한번 보세요. 무슨 색이죠?"

"파란색이요."

"그렇죠? 선생님이 여러분 나이 때 우리 도시 하늘은 회색빛이었어요. 우리 마을 사람들이 오랫동안 엄청난 노력을 한 덕분에 다시 파란색 하늘을 되찾을 수 있었어요. 그리고 이제 우리 기타큐슈는 세계에서 인정하는 친환경 도시가 되었죠. 어렵게 얻은 파란색 하늘을 유지하기 위해서는 쓰레기 분리수거부터 잘해야 해요. 이 쓰레기가 우리 기타큐슈에서는 모두 에너지가 될 수 있으니까요."

"에코 타운 말씀하시는 거지요, 선생님?"

"맞아요. 우리 마을에 건설된 에코 타운에는 쓰레기나 폐기물을 모아서 재활용하는 공장들이 있어요. 선생님이 여러분 나이 때 있던 우리 마을 공장들은 매연을 만들었는데, 지금의 공장들은 에너지를 만들어 내요. 바로 여러분이 분리수거를 하는 쓰레기들을 이용해서 말이죠!"

말을 마친 이야코는 기침 소리 대신 아이들의 건강한 목소리가 가득한 교실의 풍경을 보며 조용히 미소를 지었어요.

# 줌 인: 기타큐슈의 폐기물 에너지

## 친환경 도시, 기타큐슈

### 회색 도시를 녹색 도시로 바꾼 프로젝트

기타큐슈는 1960년대 일본의 대표적인 공업도시였어. 도시는 빠르게 성장했지만, 대규모 제철소와 각종 공장에서 무분별하게 쏟아내는 온갖 폐수와 악취로 썩어 가고 있었지. 광화학 스모그(배기가스와 안개의 합성어로, 대기오염의 가장 흔한 현상)가 매일 발생했고, 하늘은 잿빛이었어.

기타큐슈 바닷가의 도카이 만은 '죽음의 바다'로 불릴 만큼 오염되었어. 특히 아이와 노인 사이에서 기관지, 천식 환자가 급증했고, 급기야 초등학교가 폐교되기도 했지.

1970년대, 이러한 상황을 보다 못한 기타큐슈의 주부들이 힘을 모았

122

어. 지방 정부와 기업에게 대기오염에 대한 대책을 요구했지. <푸른 하늘을 보고 싶다>라는 다큐멘터리까지 제작하며 기타큐슈의 환경오염을 일본 전역에 알리기도 했어.

그 결과, 시에서는 공장의 대기오염도를 24시간 점검하고, 오염 물질을 걸러내는 시스템을 만들게 되었지. 이를 시작으로 주부들을 비롯한 기타큐슈 시민들과 시, 기업은 도시의 대기오염을 없애기 위해 꾸준히 노력했어.

20년 후, 그런 노력을 발판 삼아 기타큐슈는 환경 도시로 우뚝 서게 되었어. 여기에서 그치지 않고 쓰레기를 자원으로 재활용하는 '기타큐슈 에코 타운'을 만들며, 자원을 재순환하는 노력까지 하고 있어. 현재 기타큐슈는 전 세계에서 폐기물 에너지를 가장 잘 활용하는 도시로 꼽히고 있어.

## 폐기물 재활용 단지, 에코 타운

기타큐슈에는 '에코 타운'이라는 단지가 있는데 이곳에는 쓰레기를 재활용해 자원으로 만드는 기업이 많이 모여 있어. 한마디로 이곳은 '모든 쓰레기가 자원이 되는 곳'이지.

예를 들어, 오래되어 더 이상 사용하지 않는 자동차를 생선 가시 발라내듯 해체하고는 각 부품은 중고시장에 보내 재활용하고, 자동차 강판은 제철 원료로 사용해.

에코 타운에서 재탄생되는 쓰레기는 자동차뿐 아니라, 폐형광등, 가전품, 페트병, 폐목재, 사무용 기기, 건설 폐기물 등 없는 게 없을 정도야. 페트병은 실로 만들어 섬유가 되고, 폐식용유는 재가공을 거쳐 디젤이 돼. 심지어 기기를 분해하면서 나오는 먼지, 재, 흙, 기타 쓰레기들까지 모두 한데 녹여 아스팔트를 만들어. 에코 타운에서 폐기물 재활용률은 무려 90% 이상이야. 전 세계 평균 폐기물 재활용률이 22%에 불과한 데 비해 엄청나게 큰 수치지.

기타큐슈의 에코 타운은 전 세계적으로 모범이 되는 사례로 꼽히는 만큼 우리나라도 눈여겨 보고 있어.

## 세계에서 가장 철저한 쓰레기 분리수거

기타큐슈의 에코 타운이 성공적으로 운영될 수 있었던 이유는 시민들의 적극적인 협조가 있었기 때문이야. 특히, 쓰레기를 에너지로 활용하는 기타큐슈는 쓰레기 분리수거가 까다롭기로 유명해.

분리해 수거하는 쓰레기 종류만도 9종이고, 전용 쓰레기봉투도 4종이나 되지. 쓰레기 분리 규칙을 담은 안내 책자는 30쪽이 넘을 정도야. 또한

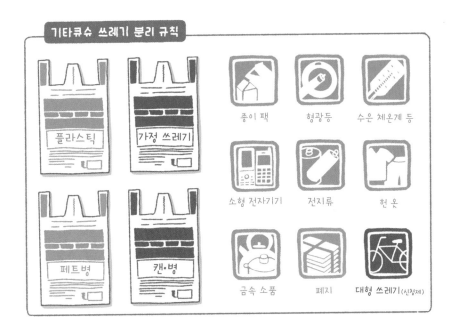

기타큐슈에는 보기 드문 풍경이 있는데, 바로 동네 슈퍼마켓마다 설치된 폐식용유 수거통이야. 시민들이 이곳에 폐식용유를 버리면, 이를 수거해 에코 타운의 식용유 재활용 공장에서 가공한 후 쓰레기 수거 차량의 연료로 재사용해.

## 도시플러스+

### 노르웨이 오슬로:
### 세계 최초 무공해 건설을 시도하는 도시

오슬로는 노르웨이의 수도이자 대표적인 친환경 도시예요. 공공버스는 휘발유 대신 바이오 메탄가스를 이용하고, '자동차 없는 도시'를 만들기 위해 주차장 대신 자전거 도로와 공원, 쉼터 등을 많이 만들었을 정도지요. 특히, 세계 최초로 무공해 건설을 실시한 나라이기도 해요. 건설은 전세계 온실가스 배출량 10% 이상, 이산화탄소 배출량 40%가량을 차지할 정도로 대표적인 '기후 악당' 업종이에요. 그런데 오슬로는 모든 도시 건설 현장을 배출 제로(Zero, 0)로 만들기 위해 세계 최초로 무공해 건설을 실시하고 있어요. 이를 위해서 오슬로는 일단 건물 철거 과정에서 나오는 폐기물 자원을 최대한 재활용하고 있어요. 폐기물 재활용뿐 아니라, 애초에 폐기물을 만들지 않으려는 노력도 하고 있지요.

# 신재생 에너지를 찾았다!

## 폐기물 에너지

### 쓰레기로 어떻게 에너지를 만들까?

산업혁명 이후 사람들은 편하게 살게 되었지만, 쓰레기의 양은 엄청나게 늘었어. 음식물 쓰레기뿐 아니라, 옷, 가구, 자동차, 건축물, IT 기기까지 우리가 일상에서 사용하는 물건은 결국 모두 쓰레기가 되지.

이 쓰레기를 재활용해 에너지를 만든다면 어떨까? 폐기물 에너지는 이 물음에서 생겨났어. 그렇다면, 쓰레기는 어떻게 에너지가 될 수 있을까? 폐기물 에너지를 만드는 데에는 원료도 다양하고 방법도 다양해.

종이나 나무처럼 불에 잘 타는 것은 파쇄하고 건조시켜서 고체 형태의 연료로 만들어. 플라스틱이나 합성수지 등은 열분해 기술(높은 열을 가하여 플라스틱을 분해하는 기술)을 사용해 가스나 기름으로 만들어.

기타큐슈의 폐식용유처럼 한 번 사용했거나 오래된 기름은 정제(물질에 섞인 불순물을 없애 그 물질을 더 순수하게 만드는 것)해서 정제유로 만들고, 폐기물을 태우면서 나오는 열(소각열)은 난방이나 온수로 쓰지.

폐기물 에너지는 버려지는 쓰레기를 활용하여 에너지원으로 이용한다

종이, 나무 → 파쇄, 건조 → 고체연료

플라스틱, 합성수지 → 열분해 → 기름, 가스

폐식용유, 오래된 기름 → 불순물 제거 → 정제유

폐기물 → 소각 → 온수, 난방

는 자체만으로도 엄청난 장점이야. 폐기물을 이용하여 발전시설을 가동하는 것만으로도 처치 곤란한 폐기물이 사용된다는 뜻이기 때문에 일석이조거든.

## 문제는, 기술이야

폐기물 에너지는 폐기물을 그대로 사용하는 게 아니라 일부를 가공해서 활용하기 때문에 폐기물을 처리하는 기술이 필요해. 폐기물 보관 시 발생되는 악취나 오염 물질을 없애기 위한 위생 시설도 필요하지.

특히 폐기물 에너지 시설은 처음 만들 때 비용이 많이 들어가. 그래서 아직은 폐기물 에너지를 생산할 수 있는 곳은 일부 강대국에 불과해. 그나마 폐기물을 에너지로 만드는 기술은 현재 제한적이야. 폐기물 재료가 워낙 다양한 만큼 여러 가지 기술이 계속 개발되어야 하지. 그래서 세계 여러 나라에서는 폐기물을 가공해서 에너지로 만드는 기술을 계속 연구 중이야.

## 전 세계 폐기물 생산량

지구에서 버려지는 폐기물은 얼마나 될까요? 놀랍게도 전 세계에서 매년 20억 톤 이상의 폐기물이 생겨난다고 추정하고 있어요. 심지어 2050년까지는 두 배로 증가할 것으로 예상되고 있지요. 폐기물이 주로 생산되는 곳은 고소득 국가로, 이 국가의 사람들이 발생시키는 폐기물은 하루 평균 2kg 이상이에요. 이마저도 점점 더 늘어나고 있어요. 폐기물이 환경에 미치는 영향은 매우 커요. 폐기물 매립지에서는 온실가스의 주범인 메탄가스가 배출되고, 폐기물을 잘 처리하지 못할 경우 물과 토양이 오염돼요. 그래서 폐기물을 에너지로 만드는 것이 중요해요. 전 세계적인 문제인 만큼 어느 한 나라만 잘해야 하는 것이 아니라, 고소득 국가를 중심으로 전 세계가 협력해서 해결해야 할 문제지요.

# 그래서 지금은?

## 플라스틱에서 석유를 캐낸다고?

### 친환경적으로 석유를 만드는 열분해 기술

플라스틱은 석유에서 만든다는 것 알고 있지? 최근에는 다시 플라스틱을 기름으로 돌아가게 하는 연구가 활발하게 진행되고 있어. 석유에서 플라스틱을 만들 때 열분해 기술이 사용되는데, 플라스틱에서 기름으로 돌아가게 할 때도 열분해 기술을 사용해.

열분해란 열의 작용에 의해 화합물이 두 가지 이상의 물질로 분해되는 반응을 말해. 라면 봉지, 과자 봉지, 비닐 쓰레기 같은 것들은 잘게 잘라 열분해 기계에 넣어 주면 300~500℃로 가열되며 열분해가 일어나서 플라스틱이 고체에서 액체로, 또다시 기체로 변해. 기체로 변한 플라스틱을 냉각시키면 기름으로 되돌릴 수 있는데, 이를 열분해유라고 불러.

열분해유 개발은 아직은 시작 단계지만, 우리나라를 포함한 세계 굴지의 기업들이 활발하게 연구 중이야. 이제 머지않아 플라스틱에서 석유를 캐는 시대가 도래하면, 우리나라도 산유국이 될 수 있어!

## 친환경적인 폐기물 처리, 플라즈마 소각장

폐기물을 에너지화하는 과정은 안타깝게도 완벽하게 친환경적이지는 않아. 폐기물을 불로 직접 태우는 과정에서 여러 가지 유해 가스 성분이 나오거든. 그런데 플라즈마를 이용하여 폐기물을 처리하면 유해 가스를 줄일 수 있어. 뿐만 아니라 재사용할 수 있는 가스까지 생산할 수 있지.

플라즈마란 액체, 고체, 기체 이외의 제4의 물질 상태를 말해. 강력한 전기장이나 열원에 의해 가열돼 기체 상태를 뛰어넘어 전자, 이온 등으로 나뉜 상태인데 우주를 기준으로 보면 가장 흔한 형태야. 오로라나 번개 등이 대표적인 플라즈마 자연 현상이지.

폐기물을 플라즈마로 소각하면 1000~2000℃ 정도의 아주 높은 온도로 가스화가 진행되기 때문에 유해 물질이 거의 분해되고, 보다 깨끗한 합성가스 생산이 가능해져. 그런데 플라즈마 소각 시설은 너무 많은 비용이 들어서 현재는 거의 만들어지고 있지 않아. 하지만 플라스틱 폐기물 문제가 점점 심각해지면서 기술 혁신을 통해 플라즈마 기술의 비용을 낮추는 연구가 계속되고 있기 때문에 멀지 않은 미래에는 플라즈마 기술을 이용한 소각 시설이 점차 많아질 전망이야.

#플라스틱 쓰레기 산업혁명 이후 값이 저렴한 플라스틱 사용이 폭발적으로 증가하면서 플라스틱 쓰레기 배출이 많아졌어요. 전 지구적으로 해마다 3억 5000만 톤 이상이 배출되는데, 대부분 땅에 묻거나 그냥 자연에 방치돼요. 플라스틱 쓰레기는 썩지 않기 때문에, 바다, 토양 등으로 버려져 동식물들이 플라스틱을 먹게 돼요. 플라스틱을 덜 사용하고, 재사용하고, 재활용하는 것이 지금 전 세계적으로 가장 큰 숙제예요.

#환경오염 사람의 활동으로 환경이 더럽혀지거나 훼손되는 현상을 말해요. #대기오염은 자동차나 공장에서 화석 연료를 이용할 때 나오는 기체나 미세먼지에 의해 일어나요. 대기오염은 사람이나 동물의 호흡 기관에 질병을 일으킬 수 있어요. 또한 생활 하수, 공장 폐수, 축산 폐수 등에 의해 #수질오염이 일어나요. 물이 오염되면 물속에서 사는 생물이 살기 어려워요. 많은 양의 농약이나 비료 사용, 쓰레기 매립 등에 의해 #토양오염이 일어나요. 토양이 오염되면 식물이 자랄 수 없게 되기도 하고, 식물이 자라더라도 오염되어 먹이 사슬을 따라 사람과 동물에게 피해를 줍니다.

# 제 6 장

# 케냐 나이바샤에서
# 찾은 지열 에너지

## 코리아에서 온 미스터 김

조섭은 저 앞에 자전거 한 대가 서 있는 것을 보고 기대에 찬 미소를 지었어요. 가까이 가 보니 역시나 외국인 관광객이 자전거를 옆에 세워 둔 채 커다란 카메라로 연신 사진을 찍어대고 있었어요.

이곳 헬스게이트 국립공원을 찾는 외국인 관광객 중에 동양인은 흔치 않았기에 더 반가웠죠. 조섭은 망설이지 않고 그 관광객에게 다가가 영어로 말을 걸었어요.

"헬로."

동양인 남자는 휙 돌아보더니 스와힐리어로 인사를 했어요.

"잠보."

"아저씨, 라이언 킹 바위까지 가시죠? 제가 지름길을 아는데……."

동양인은 조섭을 빤히 보더니 물었어요.

"라이언 킹 바위는 관심 없는데. 그저 이 국립공원의 용암과 절벽을

쭉 둘러보고 싶구나."

　조섭은 얼른 답했어요.

　"제가 이 마을에 살아서 잘 알아요. '지옥의 문'까지 안내해 드릴게요.

이 국립공원은 너무 넓어서 길을 모르면 헤매다가 해가 질 거예요. 그런

데 어느 나라에서 왔어요? 중국? 일본?"

"아니, 코리아."

"코리아?"

조섭이 낯설다는 듯 반문하자, 동양인 아저씨가 옆에 세워 둔 자전거를 가리키며 말했어요.

"이 자전거가 온 나라. 메이드 인 코리아."

정말 자전거에는 아주 작게 'Made in Korea'라고 적혀 있었어요. 그중 d와 l는 너무 낡아서 지워졌지만요. 국적은 어디든 상관없어요. 오늘도 일용할 양식을 제공해 줄 사람, 아니 관광객을 만났다는 게 중요하니까요.

"전 조섭이에요."

"난 그냥 미스터 킴이라고 불러줘. 근데 조섭, 지금 학교에 있을 시간 아니니?"

갑작스러운 질문에 조섭은 당황해하며 자전거에 올라탔어요.

"빨리 가지 않으면, 다 돌아보기도 전에 해가 질 거예요. 미스터 킴."

죠섭이 사는 나이바샤에는 영화 〈라이온 킹〉의 실제 배경으로 유명한 헬스게이트, 즉 '지옥의 문'이라는 이름의 국립공원이 있어요. 죠섭은 거의 매일 국립공원에 가서 관광객을 상대로 가이드를 자처하며 소소하게 돈을 벌고 있어요.

사실, 국립공원에는 정식 가이드들이 있고, 열두 살인 죠섭이 가이드를 하는 건 허락된 일이 아니에요. 그런데 어느 날 죠섭이 공원에서 길을 헤매고 있는 외국인 관광객들에게 길을 안내한 적이 있는데 그때 관광객들이 고맙다고 얼마간의 돈을 준 일이 있었죠.

그 후로 죠섭은 외국인 관광객들에게 가이드 역할을 하며 남몰래 돈벌이를 하고 있어요. 관광객들은 보통 정식 가이드들과 함께 투어를 하지만, 꼭 미스터 킴처럼 가이드 없이 여행하는 용감무쌍한 사람도 있거든요.

죠섭이 돈을 벌게 된 데는 사정이 있어요. 죠섭의 아버지는 꽤 큰 목장에서 일을 했는데, 최근 몇 년간 케냐에 계속되는 가뭄으로 가축들이 죽어 나가며 목장은 폐쇄되고, 아버지는 일자리를 잃었어요.

케냐는 몇 년에 걸친 가뭄으로 인해 가축들뿐 아니라 사람들까지 굶어 죽기도 하고, 전기가 끊겨 밤에도 어두컴컴하게 지내고 있어요. 케냐에서 대부분의 에너지는 수력 발전으로 공급되는데, 가뭄으로 수력 발전소를 가동할 물이 없기 때문이에요.

죠섭네 역시 아버지의 실직으로 하루하루 끼니를 걱정해야 하는 상황이라, 죠섭은 수개월째 학교에 가지 않고 국립공원에 와서 이렇게 비밀 아르바이트를 하고 있어요.

## 세상에서 가장 아름다운 지옥

"와, 정말 입이 안 다물어지는구나!"

헬스게이트 국립공원의 하이라이트, '악마의 침실' 절벽에 다다르자,

미스터 킴은 여느 관광객들처럼 감탄을 금치 못했어요. 이곳에 오는 관

광객은 모두 같은 반응이에요. 그리고 약속이나 한 듯 따라오는 질문이

있어요.

"근데 왜 '악마의 침실'일까?"

"처음 여기를 탐험한 사람들이 이곳에 울려 퍼지는 원숭이의 울음소

리가 소름 끼쳐서 그런 이름을 붙였대요. 아까 '지옥의 문'에서부터 여기까지 우리가 암벽을 타고 왔죠? 모두 화산활동 때문에 생긴 자연현상이에요. 절벽의 이 줄무늬들 보이시죠? 지금은 가물어서 물이 없지만, 선사시대부터 이곳에 물이 흘렀다는 증거예요. 그리고 이건 제 선물이에요."

죠섭은 미스터 킴이 용암 절벽에 푹 빠져 있을 때 주운, 잘생긴 흑요석 하나를 내밀었어요. 관광객들에게 흑요석을 선물하면 팁이 더 두둑해지거든요.

"흑요석은 화산활동에 의해 만들어지는 화성암이에요.

자연에서 생긴 유리라고 보시면 돼요. 제가 특별히 이곳에서 제일 예쁜 것으로 골랐어요. 코리아에 돌아갔을 때 이걸로 목걸이를 만들어서 애인에게 드리면 좋아할 거예요. 이거 특별히 미스터 킴에게만 드리는, 아주 귀한 거라고요."

죠셥의 말에 미스터 킴은 허허 웃으면서 말했어요.

"너, 이 공원에 대해서 모르는 게 없구나?"

"그럼요. 여긴 세상에서 가장 아름다운 지옥이에요."

'여기뿐 아니라 지금 케냐 전체가 아름다운 지옥이지만요.'

죠셥이 진심에서 나오는 말을 삼키고 있는 동안, 미스터 킴이 말했어요.

"너 근데 화산활동은 왜 생기는 건 줄 아니?"

"그럼요! 제가 학교 다닐 때 가장 좋아했던 과목이 지구과학 수업이었는데요! 커서 화산에 대해 연구하는 과학자가 되고 싶었……."

죠셥은 말을 뱉고 나서 아차 싶었어요. 지금은 학교를 다니지 않는다는 말을 한 거나 다름없으니까요. 당황한 죠셥이 서둘러 말했어요.

"절벽 사진만 찍지 말고 미스터 킴 사진도 찍어요. 카메라 이리 주세요. 거기 서 계신 곳이 사진 잘 나오는 곳이에요."

"아니, 내 사진은 됐어. 대신 여기 온천물도 있다는데 거기도 안내해 줄 수 있니?"

죠섭은 슬슬 짜증이 나기 시작했어요. 온천이 흐르는 곳은 다시 돌아서 가야 하거든요. 미스터 킴은 다른 관광객들과는 좀 달라요. 보통 관광객은 헬스게이트나 '라이언 킹' 바위에서 사진을 찍어 주면 투어가 끝나는데 미스터 킴은 절벽 사진만 수십 장씩 찍고 별로 인기도 없는 온천까지 가자고 하니까요.

원래 계획은 얼른 투어를 끝내고 다음 관광객을 찾는 거였는데, 이렇게 시간이 지체되니, 오늘은 미스터 킴 한 명으로 일정이 끝날 것 같아요. 대신 미스터 킴에게 두둑히 팁을 받아야겠다고 마음을 고쳐먹은 조섭은 온천수가 있는 곳으로 미스터 킴을 데리고 갔어요.

미스터 킴이 김이 모락모락 나는 온천수에 손을 담그더니 말했어요.

"이 귀한 온천수를 이렇게 그냥 두다니, 너무 아깝다. 이 물을 활용해 온천 목욕을 하면 딱 좋겠는데."

"이 뜨거운 물로 씻는다고요? 이렇게 더운 날씨에요?"

역시 미스터 킴은 이상한 사람 같았어요. 조섭의 말에 미스터 킴이 웃으며 말했어요.

"너, 땅속에서 나오는 이 물로 전기를 만들 수 있다는 것 알고 있니?"

미스터 킴은 점점 더 희한한 말만 했어요.

"정말 그게 가능하다면, 케냐가 지금처럼 가난하지 않겠죠. 케냐는 화산폭발로 온천수가 나오는 곳 천지인 걸요."

"그래. 그래서 케냐는 땅만 파면 전기가 콸콸 나올 수 있는 곳이야. 이 온천수처럼 지하의 열로 끓어오르는 지하수에서 발생하는 증기를 이용한다면, 전기에너지를 만들 수 있어. 그렇게 된다면, 비싼 석유나 석탄이 필요 없지."

"그런데 왜 안 하는 거예요? 여긴 전기가 없어서 밤에 아주 깜깜하게 지내는데."

"응, 우리가 그걸 하려고 여기에 왔어."

"우리요?"

"난 코리아의 건설 회사에서 온 엔지니어야. 이 동네에서 지열 발전소를 만들고 있지. 발전소가 완공되면, 이 도시도 밝아질 거야."

죠섭은 최근 동네에 생긴 커다란 공사장에서 본 동양인들이 떠올랐어요.

"미스터 킴, 이제 진짜 가야 해요. 해가 지면 이곳은 매우 어둡고 위험해요."

죠섭은 미스터 킴과 함께 자전거를 타고 공원 출구로 향했어요.

## 돈 대신 빚을 선사한 괴팍한 아저씨

며칠 후, 죠셥은 씩씩대며 미스터 킴이 일한다는 지열 발전소 공장에 찾아갔어요. 그날, 공원을 나온 미스터 킴이 현금이 없다며 다음에 주겠다고 하고선, 이후 소식이 없거든요.

"안녕하세요, 저, 미스터 킴을 찾아왔는데요."

"미스터 킴 누구?"

"미스터 킴이라니까요. 엔지니어라고 했어요."

"얘야, 킴은 한국에서 가장 흔한 성이야. 이 공장에만도 미스터 킴이 스무 명쯤 된다."

"네?"

하는 수 없이 돌아 나온 죠셥은 화가 머리 꼭대기까지 올랐어요.

'아니, 나 지금 관광객한테 사기당한 거야? 괴팍한 줄로만 알았는데 아주 사기꾼이네, 그 아저씨.'

집에 도착하니, 뜻밖에 학교 담임 선생님이 와 계셨어요.

"죠셥, 오랜만이구나. 학교에 나와 계속 공부해서 네 꿈인 지질학자가 되어야지."

"네, 하지만……."

죠섭이 얼버무리자, 선생님이 말했어요.

"학비는 걱정하지 말아라. 미스터 킴이라는 동양인이 네가 졸업할 수

있을 만큼의 학비를 내 주셨단다. 너한테 받은 선물에 대한 보답이라고

하던데? 네가 아주 귀한 선물을 줬다고?"

죠셥은 선생님의 말에 어리둥절하다가 미스터 킴에게 준 흔하디흔한 흑요석을 떠올리고는 이내 코끝이 찡해졌어요.


그로부터 3년 후, 초등학교를 졸업하고 어엿한 중학생이 된 죠셥은 이제 더 이상 헬스게이트 국립공원에서 비밀 아르바이트를 하지 않아요. 죠셥의 아버지가 코리아 회사에서 지은 지열 발전소에 취직해 일을 하게 됐거든요.

"얘들아, 곧 해가 질 거야. 이제 집에 가자."

친구들과 놀던 죠셥이 말했어요.

"뭐 어때. 해가 져도 이제 길이 잘 보이는데."

친구 중 하나가 말했어요. 조셥은 헤가 지고 하나둘 마을에 불빛이 켜지는 모습을 바라보며 속으로 말했어요.

'미스터 킴, 당신은 나와 우리 마을에 빛을 선사해 주셨어요. 열심히 공부해서 지질 전문가가 되어 아저씨 같은 엔지니어가 될게요. 그래서, 우리 마을에 더 많은 빛을 만들 수 있도록 할게요.'

죠셥은 이제 케냐가 더 이상 아름다운 '지옥'이 아니라고 생각했어요.

# 중 인: 나이바샤의 지열 에너지

## 친환경 도시, 나이바샤

### 전기가 부족해 어두컴컴했던, 용암의 땅

나이바샤는 애니메이션 <라이언 킹>을 비롯해, 영화 <툼레이더> 등의 배경이 된 헬스게이트 국립공원이 유명한 곳이야. 헬스게이트는 화산폭발로 용암이 흐르면서 생긴 거대한 협곡과 드넓은 초원이 어우러져 아름다운 풍광을 자랑하거든. 그리고 또 하나 유명한 것이 있는데 바로 케냐에서 가장 큰 지열 발전소인 올카리아 발전소야.

처음 올카리아 지열 발전소가 지어질 때까지만 해도 나이바샤는 전기가 부족해 어두컴컴한 도시였어. 나이바샤뿐 아니라, 케냐 전체에 전기가 부족했어. 그래서 전기의 혜택을 보는 사람이 도시는 50%, 시골은 12%

에 불과했지.

　케냐의 전력 중 반은 수력 발전소에서 공급되었는데, 기후변화로 극심한 가뭄이 계속되면서 전기를 생산하기가 어려워졌었거든. 그래서 수도인 나이로비를 조금만 벗어나면 길거리는 온통 어두웠지. 전기요금은 당시 한국의 2~3배 수준이었어.

## 케냐, 아프리카 최초의 지열 에너지 생산 나라

케냐 국토 80%가 사막화로 물이 사라지면서 가축은커녕 사람이 마실 물도 없는 불모지가 되어 가자, 케냐 정부는 재생 에너지에 대한 필요성을 느꼈어.

화산활동이 활발한 지형이 많은 케냐는 지열을 에너지원으로 사용하기로 했고, 지열 에너지를 생산하는 최초의 아프리카 국가가 되었지.

케냐는 지열 에너지를 생산하기에 좋은 지형은 지녔지만, 기술과 자본은 부족했어. 그래서 해외 기업의 기술력을 들여왔어. 올카리아 지열 발전소는 우리나라의 기업 현대 엔지니어링과 일본, 유럽 등의 기업들이 진출해 만든 단지야.

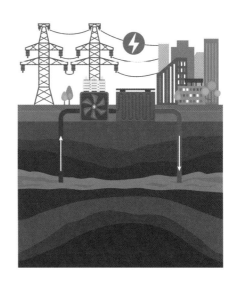

케냐는 전력의 40%가량을 지열 발전으로 생산하고 있어. 현재 케냐의 지열 발전량은 전 세계 다른 나라와 비교해서도 크다고 할 수 있어.

## 아프리카가 재생 에너지를 생산해야 하는 이유

아프리카에서 전기의 혜택을 받는 사람은 세계 평균의 절반 수준이야. 아프리카의 인구는 세계 인구의 약 18%를 차지하는데, 이들이 사용하는 전기 사용량은 3%에 불과해. 그런데 아프리카는 세계에서 인구 증가가 가장 빨라. 앞으로 더 많은 전력이 필요할 거란 의미지.

아프리카는 사실 태양 에너지부터, 수력 에너지, 풍력 에너지, 지열 에너지, 바이오 에너지까지 다양한 에너지 자원을 가지고 있는데도, 에너지 빈곤을 겪고 있는 상황이야. 케냐처럼 대부분의 아프리카 나라는 기술과 자본이 없어서 이 막대한 자원을 활용할 수 없기 때문이야.

그래서, 아프리카의 국가들은 풍부한 자원을 바탕으로 한 재생 에너지 발전을 위해 자본과 기술을 가진 기업들을 유치했어. 우리나라를 비롯한 유럽과 아시아, 북미의 기업들은 아프리카에 진출해 재생 에너지 발전소를 짓고 있어. 이를 통해서 아프리카 대륙은 '2050년까지 아프리카 전역에 에너지 보급 실현'이라는 목표를 달성하려고 하고 있어.

풍부한 에너지 자원

## 아이슬란드 레이캬비크: 지열을 이용한 온천의 도시

아이슬란드는 국토의 약 79%가 빙하와 호수, 그리고 용암 지대로 구성돼 있어요. 지열 에너지를 생산하기에 최적의 자연환경이지요. 그래서 아이슬란드는 신재생 에너지를 가장 많이 사용하는 나라 중 하나인데, 특히 난방의 90%는 지열 에너지를 활용해요. 지열 에너지를 사용하고 남은 온수는 한겨울에도 실외 수영장을 운영할 정도지요. 아이슬란드는 1970년대부터 지열 에너지를 사용한 덕분에 빈곤한 나라에서 부유한 나라로 발전했어요. 특히 아이슬란드의 수도 레이캬비크는 세계 최북단의 수도로 7월에도 평균 기온이 11℃ 정도여서 난방이 필요한 날씨예요. 그래서 레이캬비크에는 지열 에너지를 활용한 온천이 많아요. 추운 여름이지만, 지열 에너지를 이용해 만든 인공 해변에서 수영을 즐기기도 해요. 뿐만 아니라 레이캬비크는 도시 건물의 95%가 지열 발전소의 난방을 사용할 정도로 지열 에너지를 가장 잘 이용하는 도시입니다.

# 신재생 에너지를 찾았다!

## 지열 에너지

### 땅속 열로 어떻게 에너지를 만들까?

지구의 핵은 얼마나 뜨거울까? 온도가 약 6000℃로 태양만큼 뜨거워. 땅을 팔수록 온도가 올라간다는 얘기지. 일반적인 지구 표면의 경우는 2000~5000m 깊이로 파면 기온이 60~200℃에 달해. 화산 지역의 경우는 400℃까지 올라가지.

지열 에너지는 이런 엄청난 열에너지를 활용하는 거야. 땅속의 열로 끓어오르는 지하수나 증기를 이용해 발전기를 돌려 전기를 생산하는 발전 방식이지. 지열 에너지는 1904년 이탈리아 라데렐로에서 처음 생산했어.

폐기물을 발생시키지 않는 지열 에너지는 친환경적이고, 지구 내부의 열을 활용하는 것이라서 반영구적으로 사용이 가능해. 하지만, 세계 어디서나 손쉽게 얻을 수 있는 에너지는 아니야. 주로 지진이나 화산폭발이 일어난 지형에서 지열 발전소를 세우는 게 유리하거든. 화산지대에서는 뜨거운 화산성 지열원이 지표 근처까지 올라와 있어 지표에서 1~2km 정도만 파 들어가도 뜨거운 지열 증기를 얻을 수 있기 때문이야.

## 지열 발전소와 지진의 관계

지열 에너지는 태양 에너지나 풍력 에너지 등과 달리 날씨의 영향을 받지 않기 때문에 24시간 이용이 가능한 재생 에너지야. 또 폐기물을 만들어 내지 않고 공해가 없어서 친환경적이라는 점도 큰 장점이야. 하지만 아무 곳에나 발전소를 설치하기는 어렵다는 단점이 있지.

지각 판이 활발하게 움직이거나 화산폭발이 일어난 지대가 아니면, 고온의 열을 끌어올리기 위해서 땅을 아주 깊이 파야 하거든. 그러면 지열 에너지로 얻는 이익보다 비용이 더 많이 들기 때문에, 경제적이지 않아.

이러한 지리적인 제약 때문에 전 세계적으로 지열 에너지는 다른 재생 에너지보다 생산량이 적어. 그리고, 지열 발전소를 운영하는 데에는 큰돈이 들지 않지만, 처음 발전 시설을 설치할 때는 큰 비용이 들어.

아프리카 지역이 자체적으로 지열 발전소를 짓지 못하는 이유지. 그리고, 발전소로 지반이 약해지면서 지진이 일어날 수 있다는 우려도 있어. 우리나라에는 포항에 최초로 지열 발전소를 지었지만, 지열 발전소가 2017년에 발생한 포항 지진의 원인으로 지목이 되면서 운영이 중단되었어.

## 지열 발전 최고의 지역, 동아프리카 지구대

케냐는 지열 발전소를 짓는 데 최고의 지역으로 꼽히는 동아프리카 지구대에 위치해 있어요. 동아프리카 지구대는 동아프리카를 가로지르는 거대한 골짜기를 말해요. 이 거대한 골짜기는 아프리카 대륙이 둘로 쪼개지면서 생기는 거대한 균열이에요. 아프리카 대륙이 쪼개진다니, 무슨 말일까요? 지구의 지각(땅 껍데기)은 약 10여 개의 판으로 구성되어 있는데, 이판은 대류에 의해 조금씩 이동해요. 동아프리카 지구대는 아프리카–소말리아 판과 아프리카–누비아 판 사이가 조금씩 갈라지면서 생긴 틈이에요. 약 1억 년 전부터 아주 조금씩(1년에 2~7mm 정도) 갈라지면서 지금의 골짜기가 생겼죠. 지금도 물론 아주 조금씩 갈라지고 있어요. 동아프리카 지구대 땅속은 용암으로 부글부글 끓고 있고 이 틈으로 생긴 골짜기 덕분에 땅을 깊이 파지 않아도 수증기를 얻을 수 있어요. 그래서 비교적 쉽게 지열 에너지를 생산할 수 있지요.

# 그래서 지금은?

## 사막에도 지열 발전소를 만들 수 있다고?

### 지열 발전의 또 다른 가능성, 강화 발전 시스템

지열 발전소는 화산 등의 지형 환경뿐 아니라, 온천 같은 뜨거운 물을 이용할 수 있는 장소에도 건설돼. 그런데, 이는 지하의 물을 이용하기 위해 대규모 관을 넣어야 해서 지진 등을 일으킬 위험이 있어. 그런데 최근 강화 지열 시스템이 개발되면서 지열은 있어도 온천 등의 온수가 나오지 않는 건조한 지역에도 지열 발전소를 지을 수 있게 되었어.

강화 지열 시스템은 건조한 땅에 구멍을 뚫고 지하로 내려가 지열로 데워진 온수를 이용하는 새로운 지열 발전이야.

미국의 네바다 사막에서는 강화 지열 시스템을 활용한 최초의 지열 발전소가 지어져서 2023년부터 가동 중이야. 이곳에서 나오는 지열 에너지는 네바다 주에 있는 구글의 데이터센터에 전기를 공급하고 있어. 이 지열 발전소가 성공적으로 가동되면서 앞으로 전 세계에 더 많은 지열 발전소가 지어질 수 있을 거라 기대돼.

## 지속 가능한 지구를 위한, 신재생 에너지

우리가 지금 사용하고 있는 에너지의 대부분은 석유나 석탄에서 얻는 것 알고 있지? 그런데 인류가 화석 연료를 너무 많이 사용한 바람에 석탄은 지금으로부터 100년, 석유는 40년 후면 완전히 고갈될 것으로 예측되고 있어. 게다가 화석 연료는 지구 온난화의 주범인 온실가스를 배출하지.

그래서 사람들은 계속 사용해도 고갈되지 않으면서 온실가스를 배출하지도 않는 에너지를 찾기 시작했어. 그리고 햇빛, 바람, 물 같은 자연을 통해 에너지를 얻는 방법을 알아냈지. 이들은 계속 사용해도 없어지지 않는 에너지라서 재생 에너지라고 불러. 지열 에너지도 재생 에너지의 한 종류야.

또한 과학자들은 화석 연료의 고갈을 대비해 온실가스를 배출하지 않는 새로운 에너지도 개발했어. 수소 에너지, 연료전지 같은 것들이 그 예인데, 이들은 새롭게 만들었다고 해서 신에너지라고 불러. 재생 에너지와 신에너지는 미래에서 계속 쓸 수 있기 때문에 미래 에너지라고도 부르지.

인간이 지구에서 오래 살기 위해서는 우리가 앞서 알아 보았던 신재생 에너지를 적극 개발해 사용해야 해.

#화산활동 땅속 깊은 곳에서 암석이 녹아 액체 상태로 있는 물질을 #마그마라고 해요. 땅속의 마그마가 지표면으로 나오면서 만들어진 지형을 화산이라고 해요. 화산활동으로 새로운 산이 생기기도 하고, 강한 화산 분출에 의해 산의 일부가 없어지기도 해요. 이렇듯 화산활동은 지표의 모습을 다양하게 변화시켜요.

#기후변화 지구온난화의 영향을 받아 전 세계적으로 기후가 변하고 있어요. 기후변화로 생태계에 변화가 일어나기도 해요.

#지진 오랫동안 지구 내부에서 발생하는 힘을 받으면 지층이 휘어지거나 끊어지기도 해요. 이때 지층이 끊어지면서 땅이 흔들리는 현상이 지진이에요. 지각 판의 경계에서 주로 발생해요.

#사막화 기상 변화로 나무가 말라 죽고 땅이 건조해지는 현상을 말해요. 사막화의 원인은 자연적인 원인과 인위적인 원인으로 나뉘어요. 자연적인 원인으로는 가뭄, 건조화 현상이 있어요. 인위적인 원인으로는 환경오염과 지나치게 나무를 많이 심거나, 많이 베는 경우 등이 있어요.